Óscar Pérez Huertas

Opciones de descarbonización

Óscar Pérez Huertas

Opciones de descarbonización

del sector Residencial, Comercial e Institucional en el municipio de Madrid

Editorial Académica Española

Imprint

Any brand names and product names mentioned in this book are subject to trademark, brand or patent protection and are trademarks or registered trademarks of their respective holders. The use of brand names, product names, common names, trade names, product descriptions etc. even without a particular marking in this work is in no way to be construed to mean that such names may be regarded as unrestricted in respect of trademark and brand protection legislation and could thus be used by anyone.

Cover image: www.ingimage.com

Publisher:
Editorial Académica Española
is a trademark of
Dodo Books Indian Ocean Ltd., member of the OmniScriptum S.R.L Publishing group
str. A.Russo 15, of. 61, Chisinau-2068, Republic of Moldova Europe
Printed at: see last page
ISBN: 978-620-2-81287-0

OPCIONES DE DESCARBONIZACIÓN DEL SECTOR RESIDENCIAL, COMERCIAL E INSTITUCIONAL EN EL MUNICIPIO DE MADRID

A mi madre y a mi padre, simplemente por quererme parecer a ellos

Agradecimientos

No quiero desaprovechar la oportunidad de agradecer a todas las personas que han intervenido de una manera u otra en la elaboración de este TFM.

Mamá, papá, lo conseguí, y gran parte gracias a vosotros y las concesiones diarias que habéis hecho por mí. Nunca podré compensaros todo lo que me habéis aportado.

Agradecer enormemente de corazón a Juanma y Rafa por la labor que han desempeñado como tutores. Han conseguido que en el último peldaño de mi formación universitaria descubra que existen profesores con los que sentirse a gusto, que tienen pasión por lo que hacen, no dudan en ayudar y, sobre todo, te dan las herramientas para aprender. Mencionar también a sus respectivas familias, pues han tenido que soportar muchas tardes de video llamadas caseras en las peores horas. Confío que volvamos a encontrarnos en el camino, pues será un gusto volver a trabajar con personas como vosotros.

Al resto de personas que se han visto involucradas en la realización de este trabajo, o se verán en un futuro, agradecer el tiempo que han empleado y confiando que este proyecto les ayude tanto como me ha ayudado a mí.

Resumen

La situación actual de la contaminación a nivel mundial necesita un cambio, uno orientado a combatir el cambio climático producido por el ser humano y sus prácticas emisoras de gases de efecto invernadero. Numerosas instituciones y organismos se han propuesto reducir la ingente cantidad de emisiones en un plazo de tiempo determinado, comenzando por el año 2030. Para ello, las innovaciones tecnológicas en los equipos, en las fuentes de energía y en el ámbito de la oferta y la demanda energética son básicas. El camino de reducir la dependencia de combustibles fósiles y orientar las tecnologías hacia la descarbonización parece claro, pero no cómo y dónde conseguirlo.

No existe sector de actividades más amplio y utilizado por todo el mundo que el de la edificación. Las ciudades, con sus viviendas y diversidad de edificios para todo tipo de usos, concentran un gran foco de emisiones sobre el que poder actuar. Ocupan nada más que el 3% de la superficie del planeta pero son responsables de más del 67% del consumo energético global (Energía, 2017). Normalmente son los sectores industriales y de transporte los que más llaman la atención en cuanto al nivel de emisiones, por eso las medidas más eficientes de aceleración de las reducciones se destinan actualmente a estos grupos. No obstante, es esencial identificar opciones para acelerar la reducción de las emisiones de gases de efecto invernadero también en el sector residencial, comercial e institucional.

Al ritmo actual de reducción de emisiones no se cumplirán los plazos y medidas marcados por los diferentes estamentos tanto nacionales como internacionales. Con toda la problemática expuesta, se propone como solución facilitar el desarrollo de medidas más a nivel local, de manera que las políticas y planes de cada ciudad contribuyan de forma más ágil y efectiva a los compromisos globales. Por ello, en el marco del sector de los edificios en la ciudad de Madrid, se plantea un estudio capaz de desagregar los consumos y emisiones por servicios de uso. Una vez que tanto consumidor como estamentos habilitados para tomar medidas conocen dónde, cómo y en qué cantidad se están emitiendo GEI, se puede actuar.

La consecución de los objetivos climáticos implica un cambio profundo de nuestros sistemas productivos, pero también de nuestras concepciones, valoraciones y estilo de vida. En consecuencia, las estrategias de descarbonización deben basarse en una combinación de medidas de tipo tecnológico y otras no tecnológicas, además de requerir cambios en los instrumentos legales y financieros. Este Trabajo de Fin de Máster pretende contribuir a la solución del problema a través del análisis de las opciones tecnológicas exclusivamente.

Para ello, se revisan todas las opciones que existen en el sector residencial, comercial e institucional para cubrir los distintos servicios asociados. Los 6 servicios en los que se pueden agrupar las tecnologías son: calefacción, agua caliente sanitaria, cocina, refrigeración, iluminación y electrodomésticos. Estos servicios se distribuyen de manera heterogénea y diferente según sea el sector residencial o el comercial e institucional.

Haciendo valer el Inventario de emisiones del municipio de Madrid entre los años 1999 y 2017 (Madrid, Inventario de emisiones de contaminantes a la atmósfera del municipio de Madrid 1999-2017, 2019), con especial hincapié en los GEI del último año, se desagregan los valores globales de consumos y emisiones según su fuente de energía, su subgrupo dentro del sector (residencial por un lado y comercial e institucional por otro) y su servicio final. De este modo, se plantea una imagen clara de los consumos energéticos y emisiones asociadas a cada uno de estos servicios, base esencial para el análisis de posibles soluciones.

A continuación, se ha realizado una revisión tecnológica exhaustiva de todos los diferentes equipos y sistemas utilizados en cada uno de estos servicios. El rendimiento, su tasa de implementación en el sector y, principalmente, la fuente de energía que empleen cada una de las tecnologías serán factores claves a la hora de identificar las opciones de mejora en cada aplicación.

Con esta información, se analizan las diferentes opciones que permitan acelerar y ayudar a la transición energética hacia una completa descarbonización del sector.

Para cada una de las tecnologías en el sector edificación, manteniendo el nivel de desagregación calculado en cuanto a subgrupos y servicios, se calcula la mejora ofrecida de cara al futuro. Los equipos tecnológicos eléctricos son los que irán aumentando su uso en busca de la electrificación del sector, pero no todos los sistemas son igual de eficientes. La forma de comprobar las opciones de cada tecnología se mide extrapolando la situación actual a una virtual, en la cual toda la demanda del servicio se cubre al 100% con esa tecnología. Al considerarse una implantación masiva de este tipo, manteniendo los rendimientos y eficiencias de cada tecnología, se pueden ver los efectos que acaecerían de una promoción de este calibre en la transición tecnológica. Esta aproximación no contempla factores económicos o logísticos y debe considerarse como una evaluación de la contribución máxima teórica de cada tecnología considerando las características específicas de la ciudad de Madrid.

El mix de generación eléctrica determina en gran medida el potencial de las tecnologías eléctricas. Comparando las emisiones derivadas con el mix actual frente a 4 escenarios distintos definidos por una comisión de expertos en transición energética para 2030, se obtiene una variación positiva o negativa en la cantidad de emisiones. Los diferentes escenarios que se contemplan en el 2030 son el de continuismo con las políticas actuales, descarbonización completa del sector, avance tecnológico acelerado y estancamiento secular. Según la variación en las emisiones que presente dentro del servicio hará de esa tecnología una opción más o menos potenciable. Conforme al análisis realizado, el equipo eléctrico que más potencial de mejora presenta para algunos servicios es la bomba de calor.

En el caso de las tecnologías basadas en combustibles fósiles, también se aplica el escenario virtual de implantación exclusiva de una tecnología para determinar su contribución máxima teórica considerando el nivel de emisión actual. Este factor de emisión medio (cantidad de toneladas de CO_2 equivalente emitidas entre el consumo en GJ) es el que tiene el servicio de manera implícita en la actualidad por el uso conjunto de todas las tecnologías que aplican en él. De este modo, y pese a usar combustibles fósiles, si una tecnología de este tipo consigue una cierta reducción en comparación con las emisiones actuales, se estaría ante una opción potencialmente útil para la transición energética.

Los valores de las potenciales mejoras de cada tecnología en un servicio se han <u>incluido en sus fichas tecnológicas</u>. A través de sencillos cálculos se ha mostrado un método de comparación muy ilustrativo capaz de definir unos criterios básicos que indiquen la posible contribución a la descarbonización de cada tecnología.

El objetivo final es tener emisiones nulas de GEI, por lo que progresivamente deberían ir desapareciendo las tecnologías basadas en combustibles fósiles para dar lugar a las eléctricas más eficientes. Mientras el mix eléctrico no sea puramente de origen renovable, las tecnologías con fuentes energéticas no renovables todavía tendrán una tasa de uso considerable. Según los resultados de este estudio, la tecnología basada en combustibles fósiles que podría tener una mayor contribución a corto plazo es la caldera de condensación.

La caracterización detallada del sector residencial, comercial e institucional, junto con el análisis tecnológico final, culminan el estudio de opciones potenciales de mejora en las emisiones en busca de la completa descarbonización del sector residencial, comercial e institucional para la ciudad de Madrid.

Gracias a la elaboración de este estudio, se presentan nuevos caminos y pasos que poder dar hacia la descarbonización. La extrapolación a escenarios más grandes, con la precisión que se presenta en este trabajo, permitirá la elaboración de mejores estimaciones, con métodos de reducción de emisiones más efectivos y, en definitiva, un cambio en la tendencia de las actuaciones medioambientales

Índice de Contenidos

ÍNDICE DE FIGURAS

Índice de Tablas

                                                            ÓSCAR PÉREZ HUERTAS

ABREVIATURAS Y ACRÓNIMOS

ACS: Agua Caliente Sanitaria

AC: Aire Acondicionado

COP: Conferencia de las Partes (Conference of the Parts)

COP: Coeficiente de Rendimiento u Operatividad en refrigeración

CMNUCC: Convención Marco de Naciones Unidas sobre el Cambio Climático

CTE: Código Técnico de la Edificación

EER: Coeficiente de Eficiencia Energética en refrigeración

FE: Factor de Emisión

GEI: Gases de Efecto Invernadero

GLP: Gases Licuados del Petróleo

IPCC: Grupo Intergubernamental de Expertos sobre el Cambio Climático. Intergovernmental Panel on Climate Change.

KIC: Knowledge and Innovation Communities

NASA: National Aeronautics and Space Administration. Administración Nacional de la Aeronáutica y el Espacio

nZEB: Nearly Zero-Energy Buildings

ONU: Organización de las Naciones Unidas

PAES: Plan de Acción de Energía Sostenible

RCI: sector Residencial, Comercial e Institucional

SLCP: Contaminantes climáticos de corta vida media. Short-Lived Climate Pollutant.

SNAP: Selected Nomenclature for Air Pollution

UE: Unión Europea

UV: radiación Ultravioleta

COMPUESTOS QUÍMICOS

BC: Black carbón u hollín

CO: Monóxido de Carbono

CO$_2$: Dióxido de Carbono

COV: Compuestos Orgánicos Volátiles

COVNM: Compuestos Orgánicos Volátiles No Metánicos

CH$_4$: Metano

HFC: Hidrofluorocarburos

PFC: Perfluorocarburos

NH$_3$: Amoníaco

NO$_X$: Óxidos de Nitrógeno

N$_2$O: Óxido Nitroso

PM: Material Particulado

PST: Partículas Sólidas Totales

SF$_6$: Hexafluoruro de Azufre

SO$_2$: Dióxido de Azufre

ÓSCAR PÉREZ HUERTAS

Capítulo 1

INTRODUCCIÓN

Marco del Proyecto

El problema medioambiental de mayor calado al que se enfrenta la humanidad es el cambio climático. La combustión masiva de combustibles fósiles ha incrementado enormemente la cantidad de gases contaminantes, en especial de CO_2 como principal culpable del cambio climático. Son muchos los grupos de actividades que emplean estas fuentes de energía no renovables, desde la industria hasta el transporte pasando por los edificios. Las implicaciones negativas para la salud humana y del planeta son muy numerosas, debiendo actuar hacia la reducción sistemática de carbono gas en la atmósfera.

El cambio climático y el calentamiento global han forzado la transición tecnológica y energética hacia una era de energías limpias. La humanidad nunca ha emitido tantos gases de efecto invernadero, por lo que la implantación de medidas sostenibles debe acelerarse para lograr el propósito común: recuperar el planeta.

La relación entre los combustibles fósiles y el cambio climático es clara para los científicos y gobiernos que, al firmar el acuerdo de París en 2015, asumieron la magnitud del problema. Su compromiso se centra en reducir las emisiones para frenar el aumento de la temperatura media de dos grados con respecto a niveles preindustriales previstos para finales de siglo. Sin embargo, la Unión Europea está dando señales de estancamiento en la reducción de sus emisiones. Estas instituciones necesitan dar un gran salto, principalmente en la descarbonización de los edificios en su camino hacia la electrificación.

El sector de las viviendas y el resto de las edificaciones implican un consumo de electricidad y combustibles fósiles de grandes repercusiones negativas por la cantidad de emisiones que producen. Las opciones de esta descarbonización residencial pasan por conseguir un mix de generación eléctrica lo más limpio posible.

CONSECUENCIAS DEL CAMBIO CLIMÁTICO

El cambio climático es una alteración de los equilibrios medioambientales entre el hombre y la naturaleza, con consecuencias nefastas sino se llevan a cabo medidas. La quema indiscriminada de combustibles fósiles, derivados del petróleo y todo tipo de fuentes de energía no renovables derivan en una atmósfera saturada de contaminantes y gases que producen alteraciones ambientales. Las primeras consecuencias afectan a la calidad del aire y al medioambiente, pero los efectos se acaban manifestando en todo el mundo, siendo los problemas de salud del ser humano los que deberían preocupar severamente. Sin tener en cuenta las políticas de reducción de emisiones de Gases de Efecto Invernadero (GEI), las previsiones apuntan hacia un aumento de la temperatura media del planeta de entre 1,1° C y 6,4° en este siglo como consecuencia directa. Análisis atmosféricos de la National Aeronautics and Space Administration (NASA[1]) muestran el calentamiento que se está produciendo en el mundo, con efectos evidentes tanto en la atmósfera como en los océanos con la consiguiente reducción de casquetes

---

[1] https://www.nasa.gov/

ÓSCAR PÉREZ HUERTAS

polares y aumento del nivel del mar. Se caracteriza por ser un grave problema de carácter global, dada la larga vida media en la atmósfera de los principales GEI.

Las consecuencias más destacadas del cambio climático y otros efectos adversos relacionados con la quema de combustibles fósiles afectan a diferentes entornos, principalmente al Agua, a los Seres Vivos y, obviamente, al Ser Humano. Algunas de ellas son:

- Aumento generalizado de los caudales y una alteración estacional de las descargas primaverales de ríos alimentados por glaciares y nieve.

- Aumento de las temperaturas del agua de lagos y ríos en muchas regiones, lo que afecta directamente a la estructura térmica y la calidad del agua.

- Acidificación de los océanos por la absorción de carbono antropogénico generado por el hombre.

- Adelanto del comienzo de los eventos primaverales, como los procesos de floración, migración de las aves y puesta de huevos, así como un alargamiento de las estaciones afectando a la conservación.

- Desplazamiento hacia regiones polares de ciertas especies y animales, provocando pérdidas de ecosistemas. Esto también implica migraciones más tempranas de los peces en ríos y cambios en los límites de estas migraciones.

- Alteración del volumen de algas, plancton y peces en los océanos do latitudes altas.

- Aumento de la mortalidad asociada con fenómenos naturales como las olas de calor y frío, inundaciones, tormentas, incendios y sequías.

- Pérdida de manglares y humedales costeros, que hasta ahora ayudaban a prevenir los daños por inundaciones costeras.

- Incremento de enfermedades infecciosas en algunas áreas y de mayor virulencia.

- Polen alérgico en latitudes medias y altas del hemisferio norte.

- Aumento de la malnutrición debido a las sequías y al mencionado desequilibrio estacional de las cosechas.

- Paulatino agotamiento de los ecosistemas para absorber CO_2, lo que aumentaría rápidamente los efectos del cambio climático y las temperaturas globales.

Todos estos efectos y riesgos producirán grandes pérdidas sociales, medioambientales y económicas, incrementando las desigualdades entre regiones y aumentando la brecha entre ricos y pobres. La misión es evitar que esto se produzca, reivindicando la Justicia Climática e intentar minimizar las causas del Cambio Climático.

Las características físicas y químicas de los GEI en la atmósfera les hace capaces de absorber y emitir radiación dentro del espectro infrarrojo. Este fundamento es el mismo que impera en los invernaderos para plantaciones: se permite la entrada de radiación infrarroja por el sol pero no la salida del calor generado posteriormente cuando esa radiación choca con el terreno. Por lo tanto, el incremento de temperatura dentro del espacio encerrado por esos GEI es mayor que en el exterior. El problema es el aumento excesivo de estos gases (en torno a un 45% mayor que en la era preindustrial), pues su existencia es completamente necesaria para la vida del planeta, ya que sin estos GEI la superficie terrestre estaría a unos -20°C en lugar de los 15°C de media normales. El ciclo de carbono contempla la absorción de estas emisiones de CO_2 por depósitos naturales, pero las emisiones antropogénicas han sobrepasado la capacidad de eliminación natural.

Una sustancia menos contabilizada en los inventarios de gases y de calidad del aire es el Black Carbon (BC). Este contaminante es una forma sólida del carbono, en su mayor parte puro, capaz de absorber radiación solar en todas las longitudes de onda, por lo que es la forma más efectiva de absorción de energía solar característica de los GEI. El tamaño del BC varía entre 0,001-0,005 µm que se acumulan formando partículas de mayor tamaño (de 0,1-1 µm) debidas principalmente a la combustión incompleta de combustibles fósiles (carbón), biomasa y biocombustibles y por eso se contabilizan con el resto de material particulado de este tamaño. Una diferencia con el resto de GEI, aparte de su corta duración, es su rápida variación en la concentración atmosférica cuando se reducen sus emisiones. Si se añade el fuerte potencial de calentamiento que posee, la reducción de emisiones de BC es una medida potencial de mitigación del efecto invernadero a corto plazo. Los intereses científicos con este contaminante se han focalizado en estudiar sus respuestas climáticas a corto plazo y mitigar sus emisiones que dan lugar a efectos inmediatos en el cambio climático. Los contaminantes climáticos de vida corta (SLCP) son muy nocivos para el aire y potentes agravantes del efecto invernadero, aunque de vida útil mucho menor que el CO_2. Una reducción sistemática en la emisión de estos elementos reduciría rápidamente los efectos adversos tan local e instantáneos que poseen y permitiría beneficios climáticos más rápidos.

Si se ha llegado hasta la situación actual, es debido a las decisiones previas sobre los suministros energéticos que dependían del precio de los combustibles fósiles y de la disponibilidad de alternativas viables. No solo del uso de combustibles fósiles se dañan los ecosistemas. Actividades humanas como la agricultura, la ganadería y la deforestación terminan significando un tercio de todas las emisiones de GEI. Separando según las actividades industriales contaminantes, la obtención de energía es responsable de más de la cuarta parte de las emisiones globales, duplicando a otros sectores como el transporte o la edificación. Una de las fuentes energéticas que más se emplea y contamina en esa obtención de energía y también en ciertos usos del sector residencial es el carbón, cuya combustión produce una gran variedad de contaminantes, incluyendo partículas de carbono elemental de corta duración (black carbon) muy nocivo para la salud y agente altamente potenciador del efecto invernadero.

GASES DE EFECTO INVERNADERO Y POTENCIAL DE CALENTAMIENTO GLOBAL (GWP)

La catalogación de las actividades emisoras en viviendas y edificios se enmarca, de acuerdo a la metodología EMEP/EEAA (Agency U.-C. o.-r., 2016), en el Grupo SNAP 02 definido para plantas de combustión no industriales, conocido comúnmente como sector Residencial, Comercial e Institucional (RCI).

Las emisiones se dividen en 2 tipos:

➢ Directas: derivadas del consumo de combustibles fósiles por combustión u otro tipo de reacción química y que producen energía en el mismo lugar en el que se están emitiendo.

➢ Indirectas: no se emiten en el mismo lugar que se está usando la energía y por tanto computan en la obtención de electricidad principalmente.

Dentro de los gases emitidos se puede hacer la separación entre gases de efecto invernadero (GEI) y el resto de gases contaminantes que son perjudiciales para la salud. El principal gas de efecto invernadero que contribuye al incremento de la temperatura global es el Dióxido de Carbono (CO_2). Otros GEI que también incrementan la temperatura del planeta son: el Metano (CH_4), el Óxido Nitroso (N_2O), los Hidrofluorocarburos (HFC), los Perfluorocarbonos (PFC) y el Hexafluoruro de Azufre (SF_6). Estos son los gases utilizados para el cálculo de las emisiones de CO_{2-eq} en los inventarios y son los que se consideran a la hora de establecer objetivos y compromisos de reducción. No obstante, hay otras sustancias, como el Black Carbon (BC), que, pese a su corta duración en la atmósfera, tiene una gran repercusión.

Además de los GEI, se producen emisiones de otros compuestos como óxidos de nitrógeno (NO_X), dióxido de azufre (SO_2), etc. (Tabla 1). Aunque estas sustancias son de interés fundamentalmente debido a su efecto negativo sobre la calidad del aire y no se consideran para el cálculo del CO_{2-eq}, también tienen efectos indirectos sobre los balances radiativos en la atmósfera.

Tabla 1.   *Contaminantes atmosféricos y su categoría*

Gases de efecto invernadero (GEI)	CH_4	Metano
	CO_2	Dióxido de carbono
	HFC	Hidrofluorocarburos
	N_2O	Óxido nitroso
	PFC	Perfluorocarburos
	SF_6	Hexafluoruro de azufre
Sustancias acidificantes y precursores de ozono	CO	Monóxido de carbono
	COVNM	Compuestos orgánicos volátiles no metánicos
	NH_3	Amoníaco
	NO_x	Óxidos de nitrógeno ($NO+NO_2$), medidos en masa de NO_2
	SO_2	Óxidos de azufre (SO_2+SO_3), medidos en masa de SO_2
Material Particulado	$PM_{2,5}$	Partículas con diámetro aerodinámico inferior a 2,5 micras
	PM_{10}	Partículas con diámetro aerodinámico inferior a 10 micras
	PST	Partículas sólidas totales

Los inventarios de emisiones contaminantes contabilizan la cantidad de gas emitida directamente de cada sustancia. Para compatibilizar la repercusión de todos los GEI de manera equitativa se define el Potencial de Calentamiento Global (Global Warming Potencial - GWP). Es un factor basado en las propiedades radiativas de los GEI bien mezclados que precisa el efecto del calentamiento global a lo largo de un periodo de tiempo. Se define como el efecto equivalente que produce la liberación instantánea de 1kg de GEI en comparación con el efecto causado por la misma cantidad de CO_2. Por tanto, el GWP del CO_2 es siempre 1 y el de los demás GEI variará en función del rango de tiempo que se considere. De este modo, se pueden englobar todas las emisiones de GEI en toneladas o kilotoneladas equivalentes de CO_2 (kt CO_2-eq). Éstas se calculan multiplicando la emisión (en masa) de un GEI por su GWP correspondiente en el horizonte temporal dado. Si se trata de una mezcla de GEI, se obtiene sumando las emisiones equivalentes de CO_2 de cada gas. Mediante la escala del CO_2-eq es posible comparar las diferentes emisiones, pero no implica una equivalencia de las respuestas correspondientes al cambio climático. Generalmente, no hay conexión entre las emisiones de CO_2-eq y las concentraciones equivalentes de CO_2 resultantes.

El Grupo Intergubernamental de Expertos sobre el Cambio Climático, conocido como IPCC, calculó en su primer informe de evaluación del año 1990 los diferentes potenciales de calentamiento para manejar los contaminantes ambientales en unidades habituales. Los horizontes temporales que se definieron para los análisis fueron de 20, 100 y 500 años, pero sin seguir ningún criterio específico que delimitara esos intervalos como bien se especifica en el primer informe de la IPCC[2].

En la Figura 1, se muestran las contribuciones totales de varias sustancias atmosféricas al calentamiento global teniendo en cuenta no solo su GWP, sino también la tasa de emisión total. Se puede ver como, en función del horizonte temporal marcado para cada compuesto, la contribución porcentual de cada uno varía, siendo siempre el CO_2 el de mayor peso.

| Kyoto gases | Geophysical properties | | GWP-weighted share of global GHG emissions in 2010 | | | |
| | Atmospheric lifetime (year) | Instantaneous forcing (W/m²/ppb) | SAR (Kyoto) | WGI (20 and 100 year from AR5 & 500 year from AR4) | | |
			100 years	20 years	100 years	500 years
CO_2	various	1.37×10^{-5}	76%	52%	73%	88%
CH_4	12.4	3.63×10^{-4}	16%	42%	20%	7%
N_2O	121	3.00×10^{-3}	6.2%	3.6%	5.0%	3.5%
F-gases:			2.0%	2.3%	2.2%	1.8%
HFC-134a	13.4	0.16	0.5%	0.9%	0.4%	0.2%
HFC-23	222	0.18	0.4%	0.3%	0.4%	0.5%
CF_4	50,000	0.09	0.1%	0.1%	0.1%	0.2%
SF_6	3,200	0.57	0.3%	0.2%	0.3%	0.5%
NF_3 *	500	0.20	not applicable	0.0%	0.0%	0.0%
Other F-gases **	various	various	0.7%	0.9%	0.8%	0.4%

* NF_3 was added for the second commitment period of the Kyoto period, NF_3 is included here but contributes much less than 0.1%.
** Other HFCs, PFCs and SF_6 included in the Kyoto Protocol's first commitment period. For more details see the Glossary (Annex I).

Figura 1. Contribución ponderada de las emisiones de los GEI en 2020 según el horizonte temporal [1]

Posteriormente, en el Protocolo de Kyoto (1997) y según el Segundo Informe de Evaluación (SAR) del IPCC, los diplomáticos establecieron como valor medio más representativo el horizonte de cálculo de los 100 años; únicamente por ser el valor intermedio de los 3, pues no existía una base concluyente de esa elección. Con este enfoque se enfatiza en los contaminantes de larga vida como el CO_2 y principal causante del calentamiento global a largo plazo. Sin embargo, cuando los GWP se calculan en un

---

[2] https://archive.ipcc.ch/home_languages_main_spanish.shtml Intergovernmental Panel on Climate Change IPCC

ÓSCAR PÉREZ HUERTAS

horizonte temporal corto, como 20 años, la proporción de sustancias de vida corta (BC, CH_4, etc.) en el calentamiento total es mucho mayor. Los valores de los GWP de contaminantes que no son el CO_2 poseen entonces una incertidumbre que aumenta con el intervalo temporal, llegando a un 30-40% de variación en los valores de 100 años.

Dada la repercusión más inmediata y que más puede afectar en el corto plazo, los dos principales horizontes temporales que se considerarán serán los de 20 y 100 años con sus valores actualizados del último informe del IPCC[2]. Para el caso de las sustancias de efecto invernadero más representativos (CO_2, CH_4, N_2O y BC), se contemplan los dos horizontes dada la repercusión cercana que tendrán, mientras que en el resto solo se considera el horizonte a 100 años.

Tabla 2. **Valores de Potenciales de Calentamiento Global a 20 y 100 años de diferentes sustancias[3]**

Contaminantes	Fórmula	GWP (100 años)	GWP (20 años)
Dióxido de carbono CO_2	CO_2	1	1
Metano CH_4	CH_4	28	84
Óxido nitroso N_2O	N_2O	265	264
Black Carbon BC	BC	590	2100
HIDROFLUOROCARBUROS			
HFC-125	C_2HF_5	3.170	
HFC-134a	$C_2H_2F_4$ (CH_2FCF_3)	1.300	
HFC-143a	$C_2H_3F_3$ (CF_3CH_3)	4.800	
HFC-152a	$C_2H_4F_2$ (CH_3CHF_2)	138	
HFC-227ea	C_3HF_7	3.350	
HFC-23	CHF_3	12.400	
HFC-236fa	$C_3H_2F_6$	8.060	
HFC-32	CH_2F_2	677	
PERFLUOROCARBUROS			
Perfluoroetano PFC-116	C_2F_6	11.100	
Perfluoropropano PFC-218	C_3F_8	8.900	
Perfluorobutano PFC-410	C_4F_{10}	9.200	
SF_6			
Hexafluoruro de azufre	SF_6	23.500	

---

[3] https://www.ipcc.ch/site/assets/uploads/2018/02/SYR_AR5_FINAL_full.pdf capítulo 3

Motivación del Proyecto

Los núcleos urbanos crecen a medida que se desarrolla la tecnología y aumentan las oportunidades, lo que implica también unas necesidades vitales en aumento que cubrir. La ciudad de Madrid cuenta con más de un millón y medio de inmuebles repartidos entre las más de 50.000 viviendas de tipo unifamiliar o en bloque. Si se añaden el resto de edificios de diferente uso se alcanzan prácticamente 130.000 edificios solo en el municipio[4].

El actual crecimiento de las urbes, materializado en Madrid, junto con la necesidad de aumentar los esfuerzos y acelerar las medidas de transición hacia la sostenibilidad energética, presenta un escenario idóneo para buscar soluciones. Las ciudades, al poseer tantos sectores de actividad, poseen también las herramientas más avanzadas para estudios de viabilidad energética con la tecnología. Además, la implantación de medidas, su diagnóstico y su seguimiento son más alcanzables dados los mayores recursos que poseen las ciudades. Muchos de estos recursos se controlan localmente, por lo que esa capacidad de autogobierno permitiría acelerar los planes y medidas con mayor efectividad.

El consumo final de energía de los edificios en ciudades se sitúa en torno a un tercio del total, siendo responsable de emisiones directas e indirectas casi en la misma proporción que el transporte, junto con el que representa más del 70% de emisiones de GEI (directas e indirectas) en Madrid. Si se añade la deficiente calificación energética del 85% de las viviendas, dada su antigüedad (casi dos tercios construidas antes del año 1990), las opciones de mejora dentro del sector se incrementan. Con el peso y las

---

[4] https://www.madrid.es/portales/munimadrid/es/Inicio/El-Ayuntamiento/Estadistica/Areas-de-informacion-estadistica/Edificacion-y-vivienda/Censo-de-edificios-y-viviendas/Censo-de-Edificios-y-Viviendas-2011/?vgnextfmt=default&vgnextoid=24fddc5bed1b8410VgnVCM1000000b205a0aRCRD&vgnextchannel=f93124e8951ef310VgnVCM1000000b205a0aRCRD Censo de edificios y viviendas del Ayuntamiento de Madrid, año 2011

ÓSCAR PÉREZ HUERTAS

posibilidades que ofrece el sector RCI en los municipios se pueden buscar mejoras diferenciales a la hora de afrontar la transición energética[5].

Las respuestas actuales existentes para combatir el cambio climático y las emisiones de gases de efecto invernadero se centran en los métodos de obtención de energía a gran escala. Estas medidas no parecen concernir al usuario y las emisiones que derivan del consumo energético que realiza diariamente. La necesidad de medidas locales, más específicas y controlables para obtener mejores resultados resultan un sistema más efectivo y, sobre todo, más rápido que con las medidas generales actuales. Uno de los sectores donde más se ha demostrado que existe contaminación, pero también un nicho importante de mejora por la falta de estudios específicos y su necesaria actualización, es en las viviendas y los edificios. Por estas necesidades de mejora y celeridad, se enmarca el estudio en las estructuras destinadas a actividades cotidianas y que tan imprescindibles resultan para todo el mundo, que también se deben concienciar.

POLÍTICAS CLIMÁTICAS

Las medidas actuales de limitación de emisiones y reducción de consumos parecen tener problemas de tiempo, no siendo sus efectos lo suficientemente rápidos de conseguir y se ven contrarrestados por otros adversos. Las únicas vías de reducción contempladas actualmente son la renovación tecnológica de calderas y electrodomésticos por nuevos más eficientes y menos contaminantes y la reducción del mix de generación eléctrica implantando energías renovables en mayor cantidad. Por ello, realizar un estudio detallado a nivel local, empleando la ciudad de Madrid como modelo, permitirá extrapolar a la gran mayoría de escenarios nacionales e internacionales en su ayuda por conseguir la descarbonización del sector Residencial, Comercial e Institucional.

---

[5]

http://www6.mityc.es/aplicaciones/transicionenergetica/informe_cexpertos_20180402_veditado.pdf Comisión de Expertos de Transición Energética

A medida que las consecuencias del cambio climático se iban haciendo visibles y se conocía el peligro que entrañaban, se hizo necesario un organismo capaz de adoptar medidas para evitar el calentamiento global y sus efectos. En 1988, se fundó el Grupo Intergubernamental sobre el Cambio Climático (IPCC[6]) que realizó la primera evaluación científica donde se advertía de un problema internacional que afectaba a las condiciones normales de nuestro planeta debido a las emisiones de GEI. Como detonante de este estudio y organismo, los gobiernos empezaron la Convención Marco de las Naciones Unidas sobre el Cambio Climático[7](CMNUCC).

El Primer gran Protocolo, en el año 1997 desarrollado en la ciudad japonesa de Kioto, se basaba en los principios de la evaluación sobre el Cambio Climático por el que los países industrializados se comprometían a reducir las emisiones de GEI en sus actividades. Entró en vigor en 2005 aunque el año de referencia era 1990, por el que los países se implicarían en reducir las emisiones de GEI en un 5,2% antes de 2012. Cada país tenía un compromiso de reducción distinto en función de sus características industriales, económicas y poblacionales. España aceptó no aumentar sus emisiones por encima del 15%, no siendo comparable al de otros miembros de la UE[8].

---

[6] https://www.ipcc.ch/

[7] https://unfccc.int/es

[8]   http://www.energiaysociedad.es/manenergia/3-1-el-cambio-climatico-y-los-acuerdos-internacionales/

Figura 2. Principales cumbres climáticas y sus hitos [Fuente: https://www.iberdrola.com/medio-ambiente/acuerdos-internacionales-sobre-el-cambio-climatico]

Se han realizado numerosas cumbres sobre el clima en las que se han definido a su vez las hojas de ruta a seguir para frenar el cambio climático. El último hito significativo en la Agenda Internacional lo constituye la Conferencia de las Naciones Unidas sobre el Cambio Climático realizada en París en el año 2015 (COP21[9]). Se estableció el objetivo principal de evitar el aumento de la temperatura media global por encima de los 2°C con la reducción de GEI en sectores emisores en un 10%, incrementando gradualmente a un descenso del 30% en 2030 y un prácticamente 100% para 2050.

Además, en la búsqueda de la descarbonización del sector energético, se fijaron los objetivos para el año 2030 en el Paquete de Energía Limpia para los países europeos

---

[9] http://www.cop21paris.org/ , actualizable a la COP25 https://www.miteco.gob.es/es/cop25/

redactado por la Comisión Europea a finales del 2016[10]. Los 3 objetivos fundamentales para el año 2030 son:

- Reducir las emisiones de GEI en un 40% respecto a 1990

- Aumentar la cuota de energías renovables hasta un 27%

- Mejorar la eficiencia energética en un 30%

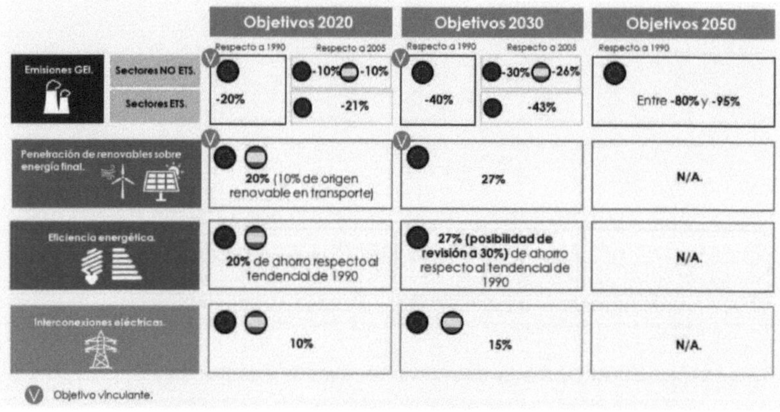

Figura 3. Objetivos de la UE en materia de cambio climático para 2020, 2030 y 2050 [Fuente: Comisión de Expertos de Transición Energética. Análisis y propuestas para la descarbonización]

Los objetivos marcados para la descarbonización en España siguen los indicados por la Comisión Europea: una reducción del 40% de las emisiones de CO_2-equivalente para 2030 y un 95% como mínimo en el 2050 referenciados a partir de 1990. Este organismo europeo, en su Reglamento sobre gobernanza de la Unión Energética, apunta a la obligación de las naciones de la UE a elaborar planes integrados de energía y clima

---

[10] https://ec.europa.eu/commission/presscorner/detail/es/IP_16_4009

     ÓSCAR PÉREZ HUERTAS

para 2030 y con los objetivos de descarbonización fijados para 2050[11]. La mejora en el consumo de energía primaria de los nuevos edificios debe reducirse en un 85% con respecto a los mismos valores del 2006. Los edificios más antiguos tienen que sufrir una profunda reforma, alcanzando un 13% de renovación de infraestructuras existentes[12].

La actualizada directiva europea de eficiencia energética 2018/844/EU[13] impone que a partir del 2020 todos los edificios que se construyan deben disponer de la etiqueta de consumo energético y ser ésta prácticamente nula. En España todavía no se han conseguido definir las medidas necesarias y tampoco serían suficiente para alcanzar los objetivos pues existe un gran número de viviendas construidas sin registros ni control. Como resultado se obtiene que más del 80% de los edificios se catalogan entre las letras E y G en certificación energética, es decir, en los menos eficientes y más contaminantes. La Directiva de eficiencia energética introdujo el término de viviendas de consumo casi nulo o casas pasivas (Nearly Zero-Energy Buildings o nZEB[14]) focalizadas en maximizar el uso de energías primarias. Teniendo en cuenta la metodología para compatibilizar las emisiones desarrolladas por los edificios, la Directiva enumera los principales usos finales de la energía: calefacción, agua caliente sanitaria, refrigeración, ventilación e iluminación[15].

---

[11] https://eur-lex.europa.eu/legal-content/ES/TXT/?uri=CELEX%3A52016PC0759 Consejo Europeo. Gobernanza de la Unión de la Energía, año 2018

[12] http://www6.mityc.es/aplicaciones/transicionenergetica/informe_cexpertos_20180402_veditado.pdf Comisión de Expertos de Transición Energética

[13] https://boe.es/doue/2012/315/L00001-00056.pdf última versión completa

[14] https://ec.europa.eu/energy/en/topics/energy-efficiency/energy-performance-of-buildings/nearly-zero-energy-buildings

[15] https://ec.europa.eu/energy/sites/ener/files/documents/nzeb_full_report.pdf nZEB

A nivel local, las medidas de reducción de emisiones también cuentan con organismos y políticas orientadas a su implementación. En 2008, la ciudad de Madrid se adhirió al conocido como Pacto de los Alcaldes [16], principal iniciativa europea de carácter voluntario mediante la cual las autoridades locales y regionales se comprometen a mejorar la eficiencia energética y utilizar fuentes de energía renovables en sus territorios. El principal objetivo sigue siendo la reducción de un 20% en las emisiones de GEI mediante la contribución local de cada municipio. Con la firma del Pacto se establece que las ciudades deberán elaborar un Inventario de Emisiones de Referencia, como el Inventario de emisiones de Gases de Efecto Invernadero del Ayuntamiento de Madrid (Madrid, Inventario de emisiones de Efecto Invernadero del municipio de Madrid 2016, 2018b) que satisface estos requerimientos. La ciudad cuenta con un Plan de Acción de Energía Sostenible (PAES) donde se resumen las medidas fundamentales en materia de planificación energética y cambio climático.

La red de ciudades conocida como C40[17] es un gran pacto a nivel mundial que conecta 96 de las ciudades más grandes del mundo para tomar medidas climáticas audaces. Enmarcado en los objetivos del Acuerdo de París a nivel local, los alcaldes de las ciudades del C40 están comprometidos a cumplir con las medidas estipuladas para limpiar el aire que se respira. Este tipo de redes se orientan a la ayuda mutua entre las ciudades, replicando, mejorando y acelerando las acciones climáticas con las medidas más exitosas contra la acción climática.

Existen organismos destinados a impulsar medidas locales que ayuden positivamente al medioambiente. El Instituto Europeo de Innovación y Tecnología (EIT[18]) es una iniciativa de la Unión Europea que busca soluciones mediante la innovación y el

---

[16]   https://www.madrid.es/portales/munimadrid/es/Inicio/Movilidad-y-transportes/Energia-y-cambio-climatico?vgnextfmt=default&vgnextoid=0ca36936042fc310VgnVCM1000000b205a0aRCRD&vgnextchannel=220e31d3b28fe410VgnVCM1000000b205a0aRCRD&idCapitulo=6877335

[17] https://www.c40.org/

[18] https://eit.europa.eu/eit-home

                                        ÓSCAR PÉREZ HUERTAS

emprendimiento de nuevas tecnologías. Mediante la integración de empresas, centros de investigación y centros educativos, el EIT trabaja para encontrar soluciones a los principales problemas enmarcados en el Horizonte 2020 y las nuevas políticas medioambientales.

Figura 4. Triángulo de conocimientos definido por el EIT para los Climate-KIC [Fuente: https://eit.europa.eu/eit-home]

Una de estas medidas establecidas por el EIT son las Comunidades de Innovación y Conocimiento o KIC (Knowledge Innovation Communities[19]), fundadas en el año 2010. Su propósito es abordar el problema del cambio climático a través de la innovación principalmente tecnológica en países, ciudades, regiones o industrias. Es la asociación más grande a nivel europeo con el propósito de revertir el cambio climático. Su objetivo es una sociedad próspera, inclusiva y resiliente climáticamente con una economía de cero emisiones en 2050. Una comunidad KIC se consigue establecer como una asociación transparente, estructurada legal y financieramente con cierta autonomía. Los proyectos a gran escala que abordan se conocen como Deep Demonstration[20], con enfoques de economía circular y para generar nuevos mercados y modelos de negocio equilibrados entre los estamentos que tienen poder de decisión y actuación para catalizar la descarbonización. En 2019 lanzaron 8 proyectos de Deep Demonstration sustentados en 10 años de innovaciones climáticas como informes para transiciones

---

[19] https://www.climate-kic.org/

[20] https://www.climate-kic.org/programmes/deep-demonstrations/#intro

consistentes del sistema para acelerar el aprendizaje sobre cómo cambiar el mundo en este contexto de emergencia climática.

El escenario que se presenta como clave para la descarbonización profunda de la economía es la eficiencia energética. Gracias a las tecnologías más eficientes que se vayan introduciendo progresivamente en la economía y, principalmente, en el sector RCI derivarán en una reducción de la energía final consumida. Las mejoras tecnológicas deben orientarse sobre todo a la descarbonización del sistema eléctrico, lo que implica una dependencia energética de la energía eólica y solar fotovoltaica, aunque se apoyen en otras renovables. La demanda nacional actual de energías renovables se sitúa en torno al 35% del total, debiendo seguir una tendencia creciente y alcanzar al menos el doble en 10 años. La razón por la que se analiza la descarbonización del sector eléctrico es porque resulta más eficiente lograr en este sector una reducción de las emisiones requeridas.

El estudio que se realice debe permitir incorporar información contrastada y rigurosa que ayude a las decisiones de los consumidores, empresas y administraciones públicas favoreciendo metodologías transparentes y eficientes.

Objetivos del Proyecto

Este estudio pretende realizar una caracterización detallada de las emisiones relevantes para el clima en el sector RCI de la ciudad de Madrid y de las tecnologías utilizadas en la actualidad. Además, pretende ofrecer una revisión sistemática del potencial de reducción de emisiones que presenta cada una de ellas como información básica para la posterior confección de escenarios de descarbonización específicamente para esta ciudad.

No solo los GEI habituales de mayor repercusión y larga vida (CO_2 principalmente) deben ser objeto de estudio y centro de las medidas de transición energética. Otras sustancias con menor tiempo de residencia en la atmósfera pueden tener una repercusión instantánea y, por tanto, ser más relevantes a corto plazo que el propio dióxido de carbono. Es por ello, que se incluye la contabilización de emisiones del Black Carbon u hollín a la hora de inventariar la cantidad de CO_2-eq emitido al aire de la ciudad e Madrid. El horizonte marcado es el año 2030, por lo que resulta de gran interés conocer las emisiones de este tipo de contaminantes de corta vida media y que permitirían una respuesta más rápida del sistema atmosférico.

La situación actual del sector RCI permite conocer la estructura de consumos y emisiones existente. Desde un punto de vista tecnológico se estudian todos los distintos equipos y sistemas que se emplean en el ámbito residencial que implican un consumo y, consecuentemente, algún tipo de emisión. Con una revisión lo más sistemática posible de las soluciones tecnológicas que se ofrecen en el mercado se pueden analizar las opciones más adecuadas para el sector. El estudio de rendimientos, nivel de utilización, fuentes de energía que consumen y grado de mejora en el futuro permite dar valores cuantitativos a la potencial contribución de las tecnologías para la descarbonización.

La realización de estudios de este tipo, con un rango de desagregación mayor a las evaluaciones más habituales, permitiría desarrollar nuevas medidas que busquen cumplir los pactos y protocolos a los que se ciñe España. La extrapolación a otras ciudades habilitaría un seguimiento personalizado y preciso donde las premisas de emisiones se cumplirían. El objetivo es facilitar una herramienta que permita evaluaciones ambientales más significativas para identificar estrategias de descarbonización adecuadas a la realidad de cada núcleo urbano. Además, al involucrar directamente al consumidor y buscar su concienciación, se pueden considerar medidas para ayudar desde los niveles más básicos a la reducción de emisiones.

Las implicaciones económicas y sociales del estudio no se contemplan pues exceden el ámbito de investigación de este TFM, que pretende dar una visión precisa del estado y posible aportación de las soluciones de carácter tecnológico exclusivamente. No obstante, este estudio proporciona información esencial para plantear futuros análisis de la viabilidad económica y social.

Estructura del documento

El estudio de las opciones de descarbonización del sector RCI en Madrid se divide en capítulos que permiten presentar y discutir la información de forma clara y que se corresponden con la secuencia de trabajo asociada a la metodología empleada.

Un primer capítulo de introducción, en el cual se define qué se va a hacer, las razones que impulsan a hacerlo y el marco contemporáneo de medidas. El punto principal de estudio es el cambio climático y cómo ayudar a la reducción de emisiones contaminantes desde un punto de vista tecnológico en el sector RCI. Esta información más teórica es la que se ha abordado en este capítulo inicial.

Una vez contextualizado el proyecto y de acuerdo a los objetivos planteado, se presenta la situación inicial y la estructura del sector RCI en Madrid. Mediante el inventario de las principales emisiones de GEI con los consumos energéticos asociados se realiza el diagnóstico inicial. Repartiendo por servicios y usos de manera sistemática tanto los consumos como las emisiones del sector se alcanza un nivel de desagregación mayor y se proporciona una base mucho más útil para la toma de decisiones. Los servicios entre los que se divide el sector son calefacción, ACS, cocina, refrigeración, iluminación y electrodomésticos.

En el tercer capítulo se analiza, mediante una revisión de las tecnologías existentes en el sector RCI, todos los equipos empleados que son capaces de cumplir una función en los diferentes servicios. Como información principal de cada tecnología se indica su método de funcionamiento, un rendimiento habitual, fuente de energía más utilizada y sus ventajas e inconvenientes más comunes.

Una vez que se ha realizado el barrido tecnológico y se tienen datos cuantitativos tanto de las tecnologías como de los consumos, se procede a estimar las mejores opciones para la transición energética y tecnológica en el capítulo 4. Dado que el horizonte marcado es el año 2030, se han considerado 4 escenarios definidos por expertos para el mix de generación eléctrica de los sistemas que consumen electricidad. Para cada tecnología se plantea un escenario en el cual todo el consumo energético del servicio y sector al que aplica (de ahí el nivel de desagregación buscado) se cubriera exclusivamente con esa tecnología. Comparando la variación de emisiones entre ese escenario virtual con los esperados en 2030 se estiman las contribuciones potenciales máximas.

En el último apartado, se discuten las opciones que podrían contribuir a descarbonizar el sector en la ciudad de Madrid. Además de valorar los hallazgos del estudio, se incluye un apartado de líneas futuras, donde se identifican caminos para el aprovechamiento de toda la información aportada.

Capítulo 2

ESCENARIO ACTUAL

El diagnóstico actual de la ciudad de Madrid con su estructura de consumos de combustibles, electricidad y emisiones totales va a permitir visualizar dónde se encuentran los grandes focos de contaminación del sector RCI. De este modo, se pueden centrar y focalizar las medidas a adoptar de manera más concreta.

Datos de partida

Para poder conocer los consumos de combustible en el municipio de Madrid y las emisiones asociadas a la ciudad se parte fundamentalmente del Inventario de Emisiones de Contaminantes a la Atmósfera del municipio de Madrid **(Madrid, Inventario de Emisiones contaminantes a la atmósfera en el municipio de Madrid 2016, 2018a)**, así como del inventario de Gases de Efecto Invernadero y Balance Energético del municipio de Madrid 1999-2016 **(Madrid, Inventario de emisiones de Efecto Invernadero del municipio de Madrid 2016, 2018b) (Madrid, Balance Energético del municipio de Madrid, año 2016, 2018)** respectivamente. Son los documentos más actualizados a la hora de comenzar la elaboración del presente estudio. También se ha dispuesto de datos suministrados por el Instituto Nacional de Estadística[21] y el Ministerio de Agricultura y Pesca, Alimentación y Medio Ambiente (MAPAMA[22]), entre otros.

Las fuentes fundamentales de información y datos obtenidos para la estimación del consumo de combustibles provienen de:

1. Censos de calderas realizados por el Ayuntamiento de Madrid en diferentes momentos temporales

2. Información proporcionada por los principales suministradores de combustibles sobre los consumos de:

    a) Gas natural, proporcionado por GAS NATURAL SDG S. A., para el periodo 1999-2016. A partir de 2011 también se cuenta con datos adicionales de MADRILEÑA RED DE GAS S.A.U.

    b) Propano y butano (gases licuados del petróleo, GLP) en el municipio de Madrid suministrados por REPSOL y CEPSA, compañías con una altísima participación en este mercado.

Situación actual en Madrid

En España, la mayoría de la población habita en bloques de viviendas, siendo de media un 70% de los hogares y el resto en residencias unifamiliares. Como media existen 8 estancias en las viviendas, incluyendo cuartos de baño y cocina y superando este número en el caso de viviendas unifamiliares. Las viviendas en bloque tienen una antigüedad mayor que las unifamiliares, donde en torno a la mitad del parque residencial tiene menos de 30 años. En Madrid, al tratarse de un entorno urbano grande, las viviendas más antiguas tienen menor superficie y número de estancias ya que se da

---

[21] https://www.ine.es/

[22] https://www.mapama.gob.es/

  ÓSCAR PÉREZ HUERTAS

prioridad a la vivienda en bloque. En los edificios comerciales e institucionales, la antigüedad de las instalaciones se reduce, teniendo una renovación cada menos tiempo (IDAE, 2011).

En el caso concreto de la ciudad de Madrid, el sector Residencial, Comercial e Institucional (RCI) es el que representa un mayor consumo de energía final (54,5%) mientras que la media nacional supone un 34,8%. El siguiente sector con mayor demanda de energía final es el transporte por carretera. No obstante, los consumos medidos en el último decenio con datos (2006-2017) han disminuido, síntoma de un progreso tecnológico. El sector residencial tuvo un descenso en el consumo del 8% durante este periodo; sin embargo, la última medición del año 2017 era un 3,4% superior a la del año anterior (Madrid, Balance Energético del municipio de Madrid, año 2016, 2018).

En relación directa con los consumos energéticos se encuentran las emisiones de gases de efecto invernadero (GEI). El sector RCI representa el grupo de actividades de mayor emisión, con una contribución total del 49,1% de todas las emisiones de GEI (directas e indirectas) frente al 22,9% del transporte por carretera del municipio en el año 2016. Ambos sectores presentan una evolución descendente en sus emisiones que se han reducido un 17,3% desde el año 1990 y se sitúa en el 63% del total. Cabe destacar que dentro de la contribución total a las emisiones no lo hacen de la misma manera las emisiones directas que indirectas, experimentando una reducción del 13,4% las primeras y un 24,4% las segundas, por la incorporación progresiva de las renovables al mix energético nacional (Madrid, Inventario de Emisiones contaminantes a la atmósfera en el municipio de Madrid 2016, 2018a).

Del notable consumo de energía final del sector residencial madrileño se derivan un alto porcentaje de emisiones, alcanzando a nivel nacional un 8% del total de GEI (directas e indirectas). Este dato se incrementa hasta un 12% del total de emisiones nacionales si se incluyen los edificios comerciales e institucionales de la capital. El sector residencial es, por tanto, un foco de análisis que mejorar a la hora de promover una transición energética hacia la descarbonización. Para ello, en primer lugar, se debe entender cómo y dónde consume energía y emite gases contaminantes la ciudad de Madrid. De esta forma, se podrán analizar los objetivos y actuaciones que contribuyan al cumplimiento de los compromisos medioambientales a nivel local, nacional e internacional. Definir qué medidas hay que tomar para desarrollar la transición energética y cuantificar el coste necesario para impulsarla es desempeño de las Administraciones Públicas, privadas y del trabajo conjunto de los ciudadanos.

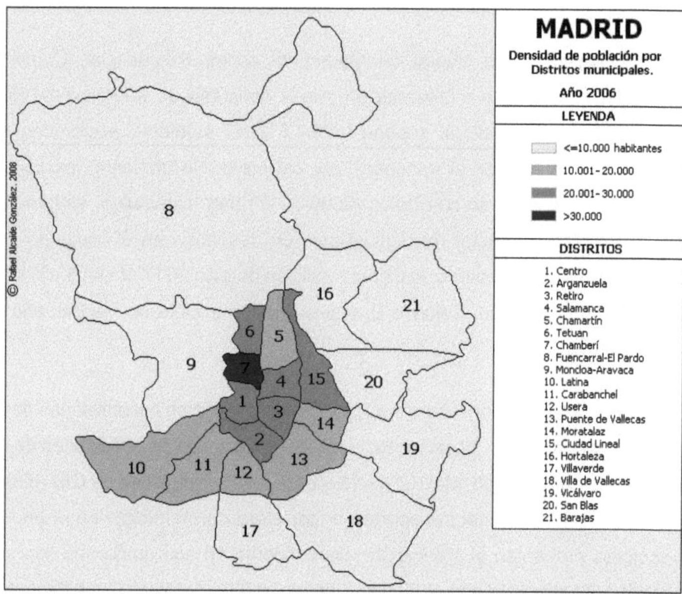

Figura 5. Densidad de población de la ciudad de Madrid por distritos municipales en el año 2006 [Fuente: Universidad de Barcelona http://www.ub.edu/geocrit/-xcol/279.htm]

Una medida de sostenibilidad local por parte del municipio de Madrid es hacer públicos periódicamente los inventarios de consumo de energía y emisiones según las directrices de la Agencia Europea de Medioambiente **(Madrid, Inventario de Emisiones contaminantes a la atmósfera en el municipio de Madrid 2016, 2018a) (Madrid, Inventario de emisiones de Efecto Invernadero del municipio de Madrid 2016, 2018b)**. Se divide por sectores de actividad y cada uno tiene su conjunto de actuaciones. En el caso concreto del sector de la edificación permite mejorar el uso de la energía, cambios en equipos térmicos y eléctricos obsoletos, promover el autoconsumo como medida paliativa, etc. El último plan de urbanismo de la ciudad de Madrid que especifica

ÓSCAR PÉREZ HUERTAS

los requerimientos de eficiencia energética data del 2013 (CTE Eficiencia Energética[23]) y la gran mayoría de sus edificios (en torno al 80%) no han tenido en cuenta estas especificaciones porque tienen más de 40 años. Prueba de ello son las grandes pérdidas energéticas que hay en las viviendas: un 30% se escapa por las ventanas, 25% por paredes y muros con malos aislamientos e incluso un 2% por el suelo. Las normativas que empiecen a regular estas deficiencias e impongan requisitos a las viviendas ayudarán a equilibrar el factor económico que imposibilita muchas veces el desarrollo. Rehabilitar los edificios para mejorar su eficiencia energética debe ser una inversión y no visto como un gasto.

EMISIONES TOTALES DE GEI EN MADRID

Para comenzar el análisis de las emisiones generadas por la actividad humana se comienza desde los datos más amplios y se va afinando el cálculo desgranando hasta las actividades en concreto.

Con los datos de emisiones de cada sustancia se tiene una primera visión general de la cantidad o masa de las mismas que se vierte a la atmósfera.

---

[23] https://www.idae.es/tecnologias/eficiencia-energetica/edificacion/codigo-tecnico-de-la-edificacion **Código Técnico de la Edificación (CTE),** aprobado por Real Decreto 314/2006

Tabla 3. **Emisiones totales del municipio de Madrid por cada sustancia contaminante**

Contam.	Ud.	1999	2000	2001	2002	2003	2004	2005	2006	2007
CH$_4$	t	47.576	47.754	45.093	42.330	37.200	19.884	20.793	20.542	19.440
CO	t	101.086	86.075	71.481	63.200	52.089	47.114	39.186	33.999	29.628
CO$_2$	kt	7.476	7.497	7.357	7.384	7.528	7.844	7.878	7.771	7.634
COVNM	t	47.812	45.098	41.748	37.952	36.113	34.295	32.061	30.094	28.821
HFC-125	kg	18.471	27.143	36.526	45.150	54.718	64.214	75.831	99.396	121.902
HFC-134ª	kg	59.867	75.704	90.059	99.113	121.031	131.164	149.314	171.767	195.425
HFC-143ª	kg	14.435	19.869	25.796	31.222	37.208	43.088	50.341	57.333	64.317
HFC-152ª	kg	0	0	0	0	0	0	0	0	0
HFC-227ea	kg	302	442	671	893	1.122	1.396	1.727	1.997	2.448
HFC-23	kg	571	1.195	1.577	1.909	2.368	2.685	2.883	2.940	3.120
HFC-236fa	kg	5	14	22	29	35	39	43	45	47
HFC-32	kg	4.756	7.952	11.378	14.539	18.042	21.543	25.832	30.074	34.248
N$_2$O	t	837	859	804	797	807	779	819	890	869
NH$_3$	t	1.058	1.235	1.367	1.373	1.685	1.631	1.601	1.820	1.690
NO$_X$	t	27.597	27.348	26.252	26.138	25.333	26.239	26.034	25.529	23.509
PFC-116	kg	0	0	0	0	0	0	0	0	0
PFC-218	kg	0	0	0	0	0	0	0	0	0
PFC-410	kg	10	12	13	15	16	16	17	16	16
PM$_{10}$	t	2.086	2.005	1.847	1.787	1.718	1.730	1.666	1.664	1.519
PM$_{2.5}$	t	1.882	1.801	1.643	1.577	1.511	1.519	1.456	1.458	1.321
PST	t	2.366	2.289	2.128	2.078	2.003	2.023	1.953	1.939	1.797
SF$_6$	kg	282	290	303	321	347	387	435	470	508
SO$_2$	t	4.481	3.778	3.169	2.782	2.676	2.595	2.134	2.271	2.153

Contam.	Ud.	2008	2009	2010	2011	2012	2013	2014	2015	2016
CH4	t	19.415	19.568	19.871	18.988	18.556	17.460	16.437	15.943	16.362
CO	t	25.891	21.224	18.908	16.330	12.733	12.188	11.464	11.089	10.434
CO2 (*)	kt	7.457	7.045	6.674	6.138	5.990	5.812	5.483	5.614	5.967
COVNM	t	26.416	24.157	23.106	22.323	21.403	20.675	20.482	20.337	19.814
HFC-125	kg	133.863	121.916	122.464	122.383	123.747	124.328	122.665	67.099	61.531
HFC-134ª	kg	208.383	196.614	192.856	188.795	187.773	189.797	188.136	130.690	139.063
HFC-143ª	kg	68.290	64.460	64.615	63.665	61.333	60.268	60.568	25.224	25.092
HFC-152ª	kg	0	0	0	21	82	110	85	167	285
HFC-227ea	kg	2.967	3.525	4.090	4.746	5.454	6.060	6.165	6.286	6.570
HFC-23	kg	3.310	3.412	3.427	3.441	3.434	3.379	3.244	3.113	3.028
HFC-236fa	kg	48	48	47	46	44	42	39	35	31
HFC-32	kg	36.512	34.199	34.289	35.218	38.976	40.659	38.841	27.854	26.885
N2O	t	865	825	812	767	665	601	586	563	583
NH3	t	1.669	1.554	1.600	1.528	971	723	641	597	638
NOX	t	21.961	20.052	18.349	16.475	15.375	14.461	13.574	13.725	13.881
PFC-116	kg	0	0	0	0	0	0	5	3	3
PFC-218	kg	5	4	4	4	4	3	4	47	39
PFC-410	kg	16	15	15	14	14	12	11	9	11
PM10	t	1.399	1.299	1.166	1.054	988	955	936	929	921
PM2.5	t	1.209	1.117	984	878	822	796	775	764	748
PST	t	1.666	1.555	1.411	1.290	1.205	1.162	1.150	1.148	1.163
SF6	kg	539	563	592	581	590	586	586	608	623
SO2	t	1.516	1.324	1.202	1.133	995	953	931	918	899

Para poder comparar en la misma medida la contribución de cada sustancia potencialmente generadora de efecto invernadero se emplea su denominado Factor de Calentamiento Global (GWP) y el horizonte definido en este caso es de 100 años. Multiplicando las emisiones totales anteriores por su correspondiente potencial de calentamiento global se obtienen las kilotoneladas equivalentes de CO_2 emitidas al municipio de Madrid durante 17 años por las actividades humanas.

Tabla 4. *Emisiones totales del municipio de Madrid en kt de CO2- eq con GWP a 100 años [Fuente: (Madrid, Inventario de Emisiones contaminantes a la atmósfera en el municipio de Madrid 2016, 2018a)]*

Contaminante	1999	2000	2001	2002	2003	2004	2005	2006	2007
CH_4	1.332	1.337	1.337	1.185	1.042	557	582	575	544
CO_2	7.476	7.497	7.357	7.384	7.528	7.844	7.878	7.771	7.634
HFC	217	302	386	459	555	634	735	877	1.020
N_2O	222	228	213	211	214	206	217	236	230
PFC	0,1	0,1	0,1	0,1	0,1	0,1	0,2	0,1	0,1
SF_6	6,6	6,8	7,1	7,5	8,2	9,1	10,2	11,0	11,9
TOTAL	9.254	9.370	9.301	9.247	9.347	9.250	9.423	9.471	9.440
Contaminante	2008	2009	2010	2011	2012	2013	2014	2015	2016
CH_4	544	548	556	532	520	489	460	446	458
CO_2	7.457	7.045	6.674	6.138	5.990	5.812	5.483	5.614	5.967
HFC	1.099	1.029	1.029	1.022	1.018	1.020	1.012	582	574
N_2O	229	219	215	203	176	159	155	149	154
PFC	0,2	0,2	0,2	0,2	0,2	0,1	0,2	0,5	0,5
SF_6	12,7	13,2	13,9	13,7	13,9	13,8	13,8	14,3	14,6
TOTAL	9.342	8.854	8.489	7.909	7.718	7.494	7.124	6.807	7.169

Madrid representa un buen escenario de partida sobre el que analizar y estudiar las diferentes opciones que existen para acelerar la transición hacia la descarbonización y hacerla efectiva. La capital de España tiene una estructura particular, donde el sector RCI ocupa el primer lugar de actividades más emisoras contribuyendo en la mitad de las emisiones de GEI en los últimos años seguido del transporte por carretera. El abuso en el consumo de las energías fósiles provoca graves impactos en la calidad del aire (y, por tanto, en la salud de las personas) y sobre el cambio climático (en el planeta).

Se van a desgranar las emisiones existentes en el grupo de la edificación para la ciudad de Madrid. De este modo, se tendrá el escenario actual con una visión más completa y hacia dónde enfocar las medidas.

Grupo SNAP 02. Sector Residencial, Comercial e Institucional

La nomenclatura seguida para la denominación de las actividades emisoras y el cálculo de emisiones (cuando ha sido preciso en este trabajo) coincide con la utilizada en los Inventarios de emisiones y Balance energético municipales (Madrid, Inventario de emisiones contaminantes y de GEI a la atmósfera en el municipio de Madrid y Balance energético municipal, 2018 a, b, c) y sigue las recomendaciones de las guías de elaboración de inventarios de emisiones definidas por la Agencia Europea de Medio Ambiente (Libros Guía EMEP/CORINAIR y Libros Guía EMEP/EEA[24] en las versiones de 2009, 2013, 2016 y 2019) y por las Directrices del IPCC de 2006 para los inventarios nacionales de gases de efecto invernadero (climático, 2014). Con estos documentos de referencia se asesora en el inventario de emisiones atmosféricas en el marco del Convenio sobre Contaminación Atmosférica Transfronteriza de la Comisión Económica Europea de Naciones Unidas (UNECE/CLRTAP[25]).

La denominación de los procesos antropogénicos y biogénicos más relevantes potencialmente emisores de gases contaminantes que se han tenido en cuenta se han agrupado en diferentes grupos según la nomenclatura SNAP (Selected Nomenclature for Air Pollution). Esta denominación está jerarquizada y da lugar a 3 niveles: grupo, subgrupo y actividad. Dentro de los grupos se enmarcan las fuentes de un sector amplio, como la generación de energía, la industria, el transporte, etc. En los subgrupos se incluyen las emisiones de diferentes procesos o tecnologías específicas dentro de un grupo, como los modos de transporte o los procesos industriales. Finalmente, las actividades conforman el siguiente nivel más desagregado e informan de las emisiones.

---

[24] https://www.eea.europa.eu/publications/emep-eea-guidebook-2016/at_download/file

[25] http://www.unece.org/info/ece-homepage.html

El grupo en el que se centra el estudio es el SNAP 02 dedicado a "Plantas de combustión no industrial" que comprende la generación de calor en sectores diferentes al de producción y transformación de la energía y del industrial. Se enfoca en la autoproducción de electricidad y calor vendido que tienen lugar en los sectores Residencial, Comercial e Institucional, que se conocerá como sector RCI.

En este caso concreto, se va a prestar atención a 2 subgrupos, el 02.01 de "Plantas de combustión comercial e institucional" y el subgrupo 02.02 de "Plantas de combustión residencial".

02 PLANTAS DE COMBUSTIÓN NO INDUSTRIAL

02 01 PLANTAS DE COMBUSTIÓN COMERCIAL E INSTITUCIONAL

02 01 01 Plantas de combustión ≥ 300 MWt (calderas)

02 01 02 Plantas de combustión ≥ 50 y < 300 MWt (calderas)

02 01 03 Plantas de combustión < 50 MWt (calderas)

02 01 04 Turbinas de gas estacionarias

02 01 05 Motores estacionarios

02 01 06 Otros equipos estacionarios

02 02 PLANTAS DE COMBUSTIÓN RESIDENCIAL

02 02 01 Plantas de combustión ≥ 50 MWt (calderas)

02 02 02 Plantas de combustión < 50 MWt (calderas)

02 02 03 Turbinas de gas

02 02 04 Motores estacionarios

02 02 05 Otros equipos (estufas, hogares, cocinas, etc.)

02 03 PLANTAS DE COMBUSTIÓN EN LA AGRICULTURA, SILVICULTURA Y ACUICULTURA

02 03 01 Plantas de combustión ≥ 50 MWt (calderas)

02 03 02 Plantas de combustión < 50 MWt (calderas)

02 03 03 Turbinas de gas estacionarias

02 03 04 Motores estacionarios

02 03 05 Otros equipos estacionarios

DESAGREGACIÓN GASES CONTAMINANTES

Dentro de los gases contaminantes estimados en los Inventarios de emisiones (Madrid, Inventario de emisiones contaminantes y de GEI a la atmósfera en el municipio de Madrid y Balance energético municipal, 2018 a, b, c), este trabajo se centra únicamente en los GEI, pero existen otros que también tienen incidencia principalmente en la salud y calidad del aire cuya evolución de emisiones en el municipio se resumen a continuación.

Las emisiones de óxidos de nitrógeno (NOx) no han sufrido grandes variaciones reseñables. En el sector de la edificación, la contribución se ha ido incrementando lentamente en los últimos años.

En el caso del dióxido de azufre (SO_2) existe una notable disminución de las emisiones en el periodo inventariado en torno al 80% como consecuencia de la reducción del contenido en azufre de algunos combustibles y del consumo en combustibles con alto porcentaje de este elemento como eran el carbón y el fuelóleo. Sin embargo, es el sector RCI el que mayores emisiones aporta al total, entre un 59% y un 80%.

El monóxido de carbono (CO) tiene en el sector del transporte (SNAP 07) su mayor foco de emisión. No obstante, los avances tecnológicos de este grupo suponen una importante disminución de sus valores en detrimento de un incremento en otros grupos como el RCI (SNAP 02).

Otro tipo de emisiones que han disminuido en Madrid en el sector RCI son el material particulado (PM2,5 y PM10) y las partículas en suspensión (PST); sin embargo, sigue siendo el sector que más contribuye a su emisión. Dichas partículas se agrupan en función del tamaño. Las que mayor impacto tienen sobre la salud son las emisiones de PM2,5, que han disminuido su emisión en el sector del transporte pero no tanto en el de la edificación, por lo que porcentualmente existe un aumento de estas emisiones por parte del grupo SNAP 02 situándose en torno a un 36% del total. Los efectos adversos del material particulado fino se han identificado como los más dañinos para la salud humana, produciendo problemas respiratorios y cardiovasculares.

Un contaminante derivado de la emisión de estas finas partículas y de la combustión incompleta es el Black Carbon (BC), una especie de corta vida (entre días y semanas) con gran impacto en el corto plazo como GEI, de ahí que se considere relevante definir un horizonte temporal adecuado para contabilizar su impacto. La combustión residencial de combustibles sólidos y líquidos son las fuentes principales de emisiones de este contaminante.

En el caso de los compuestos fluorados, se observa un aumento considerable de sus emisiones debido a la implantación de este tipo de sustancias en equipos refrigerantes, aires acondicionados, extintores de incendios y equipos eléctricos.

Otro compuesto que también experimentó un crecimiento en sus emisiones entre los años 1999 y 2011 fue el amoníaco (NH_3) ligado a los procesos de compostaje para tratamiento de residuos. Posteriormente a ese periodo, las emisiones de este gas decrecieron debido a que gran parte de los residuos tratados por compostaje pasaron a reciclarse mediante biometanización.

Cabe destacar que la práctica totalidad de los residuos que se tratan en Madrid y de los cuales derivan una importante fracción de las emisiones contaminantes proceden del Parque Tecnológico de Valdemingómez, el cual cuenta con 3 grandes plantas de tratamiento de residuos anexas a los dos vertederos: las Lomas, las Dehesas y la Paloma.

Los gases contaminantes que se han estudiado provienen mayoritariamente del uso de diferentes combustibles y formas de energía, muchas de ellas empleadas en el sector residencial, comercial e institucional.

Las principales fuentes de combustibles fósiles que derivan en emisiones son el gas natural, el gasóleo y el carbón, experimentado éste último un descenso del consumo en detrimento del primero. En los últimos 25 años, el consumo de gas natural ha pasado de representar la mitad de la energía total consumida al 77% en el sector RCI. El camino opuesto ha sufrido el carbón en Madrid, pasando del 7% a un 2%. Este cambio en la tendencia se ha traducido en un descenso de las emisiones de gases de efecto invernadero y otros contaminantes, ya que el gas natural tiene menores emisiones específicas por unidad de energía que los otros combustibles fósiles.

Otra fuente de energía que comienza a introducirse en la capital a partir del 2006 es la biomasa, con alto niveles de emisión por unidad de energía de material particulado. Dada su baja contribución energética, que todavía no alcanza ni el 1% del consumo de energía, no ha supuesto un aumento de emisiones de material particulado del sector.

Metodología cálculo emisiones grupo SNAP 02

La metodología de cálculo empleada siguiendo las recomendaciones internacionales **(Agency, 2016)** (climático, 2014) consiste, mayoritariamente, en la multiplicación del consumo de energía primaria de los diferentes combustibles por los correspondientes factores de emisión. Este proceso es el que se efectúa actualizando los valores pertinentes al marco temporal más actual. Para poder comparar todas las emisiones bajo una misma unidad de medida, se ha focalizado en los gases de efecto invernadero y su correspondiente Potencial de Calentamiento Global en dos rangos temporales, a los 20 años y a los 100 años. Los datos de partida provienen de (Madrid, Inventario de Emisiones contaminantes a la atmósfera en el municipio de Madrid 2016, 2018a).

Se dividen los cálculos principalmente entre consumos de combustible que implican unas emisiones directas y consumos de electricidad que derivan unas emisiones indirectas, ambas igual de computables. Dentro de cada bloque, se continúa con la distinción entre el sector residencial y el comercial e institucional.

Consumos de combustible grupo SNAP 02

El grupo SNAP 02 se separa en dos subgrupos para contabilizar las emisiones, el primero correspondiente a las plantas de combustión del sector comercial e institucional (02.01.) y el segundo, a las del sector residencial (02.02.).

En la tabla 5 se muestran los consumos en unidades de energía (Giga Julios) de cada uno de los combustibles empleados en las diferentes instalaciones de combustión del sector comercial e institucional (02.01.). Cabe destacar la ausencia total de consumo de biomasa para este tipo de necesidades. El gas natural, seguido del gasóleo, son los combustibles más ampliamente utilizados en este tipo de instalaciones.

Tabla 5. *Datos consumos de combustible actividad Comercial e Institucional 02.01 (en GJ)*

Combustible	Gas natural	GLP	Gasóleo	Carbón	Biomasa	TOTAL
1999	5.419.911,38	423.750,00	3.849.519,74	785.523,53	0	10.478.704,65
2000	7.051.845,14	481.786,80	3.683.318,53	835.668,31	0	12.052.618,78
2001	8.633.360,75	440.428,80	3.514.653,73	821.894,05	0	13.410.337,34
2002	7.725.883,35	304.173,40	2.862.662,95	608.162,68	0	11.500.882,38
2003	9.146.577,44	213.976,80	2.797.482,78	561.111,65	0	12.719.148,67
2004	10.419.896,50	201.501,60	2.750.470,07	555.907,32	0	13.927.775,48
2005	11.005.925,49	184.755,00	2.819.966,86	541.896,98	0	14.552.544,34
2006	10.084.068,04	176.700,00	2.055.914,10	509.130,39	0	13.426.802,33
2007	9.992.719,86	167.850,20	2.406.549,16	444.472,67	0	13.011.591,89
2008	9.846.244,36	178.155,80	2.255.591,00	383.633,39	0	12.663.624,55
2009	9.440.819,81	160.505,20	2.231.148,49	342.548,49	0	12.175.022,00
2010	8.820.489,91	202.464,02	2.206.764,35	294.416,01	0	11.524.134,29
2011	8.200.160,00	244.422,83	2.121.419,88	273.913,75	0	10.839.916,46
2012	8.842.083,80	247.630,05	2.036.476,50	269.334,61	0	11.395.524,96
2013	9.067.132,79	244.371,49	1.951.533,13	264.832,02	0	11.527.869,43
2014	7.984.865,96	226.279,29	1.873.392,15	260.404,70	0	10.344.942,11
2015	7.776.815,35	212.777,91	1.824.314,34	249.686,83	0	10.063.594,42
2016	8.610.754,49	351.453,84	1.775.236,53	238.968,95	0	10.976.413,81
2017	8.052.355,44	330.850,15	1.725.775,29	227.854,12	0	10.336.835,00

El consumo residencial es superior dada la alta población existente en la ciudad. La existencia de datos de biomasa a partir del año 2006 no implica necesariamente que no hubiera consumo de este combustible previamente, sino que no ha sido hasta ese año que se han incorporado dichos consumos al inventario. Las calderas de gas natural empleadas en los hogares hacen que este combustible sea el más utilizado, dado su alto poder calorífico por unidad de masa y su fácil distribución.

Tabla 6.   *Datos consumos de combustible actividad Residencial 02.02 (en GJ)*

Combustible	Gas natural	GLP	Gasóleo	Carbón	Biomasa	TOTAL
1999	13.936.914,99	2.674.755,02	9.906.484,23	2.019.917,64	0	**28.538.071,87**
2000	14.985.170,92	2.464.486,34	7.839.917,17	1.775.795,16	0	**27.065.369,59**
2001	15.348.196,90	2.237.395,28	6.262.404,67	1.461.144,98	0	**25.309.141,83**
2002	16.417.502,13	1.887.340,00	6.099.640,59	1.292.345,69	0	**25.696.828,41**
2003	19.436.477,05	1.678.812,02	5.961.132,04	1.192.362,25	0	**28.268.783,36**
2004	21.155.547,43	1.473.596,16	5.600.767,32	1.128.660,32	0	**29.358.571,23**
2005	21.364.443,60	1.277.844,00	5.490.532,78	1.051.917,67	0	**29.184.738,04**
2006	20.475.520,87	1.090.562,18	5.410.159,08	1.033.688,98	12.016,12	**28.021.947,22**
2007	22.241.860,33	1.014.983,30	5.374.359,82	989.310,14	34.331,76	**29.654.845,35**
2008	22.974.570,18	970.584,74	5.280.891,52	895.144,57	40.168,16	**30.161.359,18**
2009	22.028.579,57	869.057,84	5.223.858,54	799.279,81	76.988,97	**28.997.764,73**
2010	20.581.143,12	938.883,64	5.166.767,19	686.970,70	167.367,33	**27.541.131,98**
2011	19.133.706,67	1.008.709,43	4.966.947,46	639.132,07	205.990,56	**25.954.486,20**
2012	20.631.528,87	959.479,93	4.768.066,85	628.447,42	230.022,79	**27.217.545,86**
2013	21.156.643,18	954.957,58	4.569.186,24	617.941,38	251.491,59	**27.550.219,96**
2014	18.631.353,92	870.896,30	4.386.232,31	607.610,97	272.960,38	**24.769.053,88**
2015	18.145.902,48	820.607,29	4.271.324,87	582.602,60	272.960,38	**24.093.397,62**
2016	20.091.760,48	976.491,82	4.156.417,44	557.594,22	274.493,87	**26.056.757,82**
2017	18.788.829,36	893.432,20	4.040.612,29	531.659,60	274.493,87	**24.529.027,31**

Sumando los consumos de los dos subgrupos se obtiene el consumo final de cada combustible en unidades de energía para el sector RCI, en este caso en miles de GJ dada la envergadura de las unidades. Este grupo SNAP 02 es de los que más contribuye al consumo de combustibles en la ciudad de Madrid, después del sector del transporte. Con la imagen de los consumos totales del sector RCI al completo en Madrid (Tabla 7) se vuelven a tener datos generales y su progresión temporal, pero se carece de información precisa de carácter tecnológico.

Tabla 7.   ***Datos consumos de combustible grupo SNAP 02 (miles de GJ)***

Combustible	Gas natural	GLP	Gasóleo	Carbón	Biomasa	TOTAL
1999	19.357	3.099	13.756	2.805	0	**39.017**
2000	22.037	2.946	11.523	2.611	0	**39.118**
2001	23.982	2.678	9.777	2.283	0	**38.719**
2002	24.143	2.192	8.962	1.901	0	**37.198**
2003	28.583	1.893	8.759	1.753	0	**40.988**
2004	31.575	1.675	8.351	1.685	0	**43.286**
2005	32.370	1.463	8.310	1.594	0	**43.737**
2006	30.560	1.267	8.066	1.543	12	**41.449**
2007	32.235	1.183	7.781	1.434	34	**42.666**
2008	32.821	1.149	7.536	1.279	40	**42.825**
2009	31.469	1.030	7.455	1.142	77	**41.173**
2010	29.402	1.141	7.374	981	167	**39.065**
2011	27.334	1.253	7.088	913	206	**36.794**
2012	29.474	1.207	6.805	898	230	**38.613**
2013	30.224	1.199	6.521	883	251	**39.078**
2014	26.616	1.097	6.260	868	273	**35.114**
2015	25.923	1.033	6.096	832	273	**34.157**
2016	28.703	1.328	5.932	797	274	**37.033**
2017	26.841	1.224	5.766	760	274	**34.866**

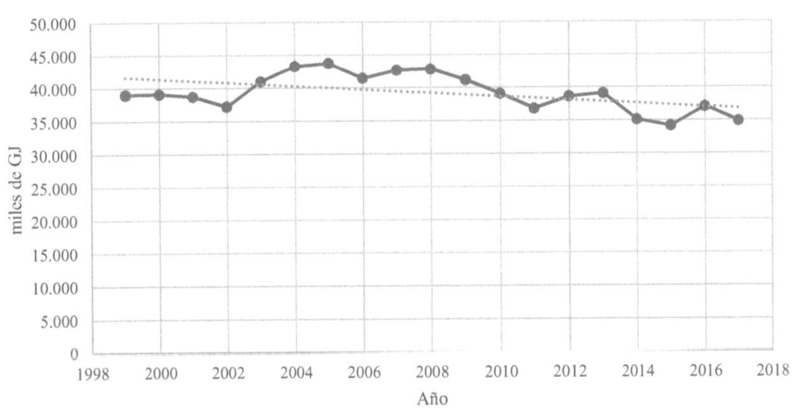

Figura 6. Evolución consumo de combustibles en el grupo SNAP 02 [Elaboración propia]

El máximo total de la serie de años se obtuvo en el 2005 (43.737 miles de GJ), mientras que el mayor consumo individual de un combustible se produjo en 2008 y fue el gas natural (32.821 miles de GJ). La tendencia se observa que es decreciente, aunque muy progresiva, insuficiente para alcanzar los objetivos de descarbonización que se buscan en este proyecto.

Emisiones contaminantes Grupo SNAP 02

Aplicando el factor de emisión correspondiente a cada combustible del subgrupo se contabilizan las emisiones de cada gas contaminante en toneladas. El que mayor contribución aporta en masa es claramente el dióxido de carbono, principal gas de efecto invernadero. La tendencia de las emisiones de todos los compuestos es decreciente a lo largo del tiempo, manteniéndose relativamente constante en el CO_2 y en los óxidos de nitrógeno.

Tabla 8.   ***Emisiones subgrupo Comercial e Institucional (02.01.) en toneladas***

	CH_4	CO	CO_2 (kt)	COVNM	N_2O	NOx	SO_2	$PM_{2,5}$	PM_{10}	PST	BC
1999	76	1.167	695	291	4,1	824	740	166,97	174	180	2,45
2000	83	1.253	783	329	4,2	945	749	170,48	178	184	2,42
2001	89	1.273	856	360	4,2	1.046	728	166,80	174	180	2,39
2002	75	997	726	303	3,4	890	564	129,69	135	139	1,97
2003	80	984	791	330	3,5	978	536	124,27	129	133	1,98
2004	86	1.013	857	358	3,5	1.067	530	123,77	129	133	2,00
2005	90	1.020	893	372	3,6	1.112	531	124,08	129	133	2,06
2006	83	952	825	344	3,4	1.027	499	116,51	121	125	1,93
2007	79	872	794	330	3,1	991	445	104,45	108	112	1,78
2008	77	802	769	317	2,9	960	295	94,76	98	101	1,69
2009	74	749	740	303	2,8	920	274	89,48	93	95	1,66
2010	70	687	701	284	2,7	866	250	83,37	86	88	1,62
2011	66	647	660	266	2,5	813	236	79,04	82	83	1,55
2012	69	656	690	278	2,5	854	230	77,36	80	82	1,52
2013	69	652	695	281	2,5	864	224	75,35	78	80	1,49
2014	62	611	627	254	2,3	777	217	72,41	75	77	1,40
2015	61	591	610	247	2,3	755	210	70,08	72	74	1,36
2016	65	609	661	264	2,3	819	203	68,87	71	73	1,37
2017	61	578	623	249	2,2	771	195	66,19	68	70	1,32

En el caso del sector de las viviendas, todos los gases son emitidos en mayor proporción con respecto al sector comercial e institucional excepto el Black Carbon derivado de las partículas finas menores de 2,5 micras. Esto se debe principalmente al diferente factor de emisión del gasóleo en un sector u otro (0,56 g/GJ frente a 0,039 g/GJ).

Tabla 9. **Emisiones subgrupo Residencial (02.02.) en toneladas**

	CH$_4$	CO	CO$_2$ (kt)	COVNM	N$_2$O	NOx	SO$_2$	PM$_{2,5}$	PM$_{10}$	PST	BC
1999	202	3.069	1.888	593	10,6	2.031	1.913	435,30	453	468	1,41
2000	183	2.722	1.756	532	9,1	1.900	1.603	368,25	384	397	1,36
2001	165	2.322	1.614	469	7,7	1.748	1.306	302,65	316	326	1,29
2002	165	2.163	1.622	462	7,4	1.755	1.211	281,57	293	302	1,31
2003	177	2.132	1.758	485	7,5	1.904	1.154	270,62	281	290	1,45
2004	180	2.084	1.809	491	7,3	1.964	1.092	257,87	268	276	1,51
2005	179	2.000	1.792	484	7,1	1.946	1.046	247,21	257	264	1,50
2006	176	1.949	1.723	473	7,0	1.874	1.028	244,07	253	261	1,44
2007	190	1.963	1.810	496	7,2	1.971	1.006	243,31	252	259	1,53
2008	194	1.890	1.832	495	7,1	1.992	704	232,74	241	247	1,56
2009	198	1.786	1.758	485	6,9	1.911	655	225,26	233	239	1,50
2010	216	1.693	1.666	484	7,0	1.810	598	223,32	230	236	1,42
2011	219	1.622	1.570	469	6,8	1.706	565	218,25	225	231	1,34
2012	231	1.651	1.635	488	6,9	1.783	552	217,89	224	230	1,42
2013	238	1.654	1.648	495	6,9	1.801	539	216,30	223	229	1,44
2014	229	1.571	1.486	466	6,6	1.628	522	211,85	218	224	1,29
2015	225	1.524	1.445	455	6,4	1.584	504	206,27	212	218	1,26
2016	235	1.556	1.553	474	6,5	1.700	490	203,72	210	215	1,36
2017	226	1.484	1.463	453	6,3	1.602	470	197,15	203	208	1,28

A la hora de la contribución total, prácticamente todos los contaminantes son emitidos en mayor proporción por el sector residencial que por el comercial e institucional. Esta proporción es de un 70% frente al 30%, exceptuando el caso del black carbon que, como se ha comentado, es superior en el subgrupo 02.01. de actividades comerciales e institucionales donde se aporta el 56% del total de sus emisiones. Por lo general, el peso del subgrupo residencial es mayor en términos globales, pero no todas las actividades en las que se desglosa el grupo cumplen esa generalidad.

Tabla 10.   Emisiones totales grupo SNAP 02 en toneladas. Plantas de combustión no industrial

	CH$_4$	CO	CO$_2$ (kt)	COVNM	N$_2$O	NOx	SO$_2$	PM$_{2,5}$	PM$_{10}$	PST	BC
1999	278	4.235	2.584	884	14,7	2.855	2.652	602,3	628	647	3,9
2000	266	3.975	2.539	861	13,3	2.845	2.352	538,7	562	581	3,8
2001	254	3.594	2.469	829	12,0	2.794	2.033	469,5	490	506	3,7
2002	240	3.160	2.349	766	10,9	2.645	1.775	411,3	428	442	3,3
2003	258	3.116	2.549	816	10,9	2.882	1.691	394,9	411	423	3,4
2004	267	3.097	2.666	849	10,9	3.032	1.623	381,6	397	409	3,5
2005	268	3.020	2.685	856	10,8	3.059	1.576	371,3	386	397	3,6
2006	259	2.901	2.548	817	10,4	2.901	1.527	360,6	375	385	3,4
2007	269	2.835	2.604	825	10,3	2.962	1.451	347,8	361	371	3,3
2008	270	2.691	2.601	812	10,0	2.952	999	327,5	339	348	3,3
2009	272	2.535	2.498	789	9,7	2.831	929	314,7	325	334	3,2
2010	286	2.380	2.367	768	9,6	2.677	848	306,7	316	324	3,0
2011	285	2.269	2.230	735	9,3	2.519	800	297,3	306	314	2,9
2012	299	2.307	2.324	767	9,4	2.637	782	295,3	304	312	2,9
2013	306	2.307	2.343	776	9,4	2.665	763	291,7	300	308	2,9
2014	292	2.181	2.114	720	8,9	2.405	740	284,3	293	301	2,7
2015	286	2.114	2.055	702	8,7	2.339	714	276,3	285	292	2,6
2016	300	2.165	2.214	737	8,9	2.519	693	272,6	281	288	2,7
2017	288	2.062	2.087	702	8,5	2.374	665	263,3	271	278	2,6

EMISIONES DIRECTAS GEI GRUPO SNAP 02

Una vez cuantificadas las emisiones directas de cada contaminante en unidades de masa, se procede al cálculo de las kilotoneladas equivalentes de dióxido de carbono producidas, permitiendo de este modo agregar las emisiones de distintos GEI. Como la repercusión va a depender del horizonte temporal elegido se realiza el estudio en 2 intervalos: a los 20 años y a los 100 años, ambos con los valores de GWP más actualizados. Los 3 gases de efecto invernadero que se van a cuantificar por ser los que contribuyen en mayor medida son el CH$_4$, el CO$_2$ y el N$_2$O. Se añade la contribución del Black Carbon por su importante impacto y repercusión a corto plazo, recordando que proviene de la combustión incompleta de material fino particulado PM$_{2,5}$.

Como se aprecia en la **Tabla 11**, el hecho de calcular las emisiones de GEI en dos horizontes temporales diversos evidencia la diferencia en el impacto. En este caso del subgrupo 02.01., la diferencia entre elegir uno y otro GWP (contribución a corto plazo de 20 años y a medio-largo plazo de 100 años) está en torno a un 1%, que equivale a unas 7 kilo toneladas de GEI cada año.

Tabla 11.   _GEI en kt de CO_2 eq. en sector 02.01. Actividades comerciales e institucionales_

	CH$_4$ (t)	CO$_2$ (kt)	N$_2$O (t)	BC (t)	kt de CO$_2$ eq. (GWP100)	kt de CO$_2$ eq. (GWP20)
1999	76	695	4,1	2,45	700,0	707,9
2000	83	783	4,2	2,42	788,2	796,5
2001	89	856	4,2	2,39	860,5	869,1
2002	75	726	3,4	1,97	730,3	737,5
2003	80	791	3,5	1,98	794,9	802,4
2004	86	857	3,5	2,00	861,7	869,6
2005	90	893	3,6	2,06	897,4	905,6
2006	83	825	3,4	1,93	829,5	837,1
2007	79	794	3,1	1,78	798,5	805,6
2008	77	769	2,9	1,69	773,4	780,2
2009	74	740	2,8	1,66	743,5	750,1
2010	70	701	2,7	1,62	704,5	710,8
2011	66	660	2,5	1,55	663,7	669,8
2012	69	690	2,5	1,52	693,2	699,4
2013	69	695	2,5	1,49	698,9	705,0
2014	62	627	2,3	1,40	630,5	636,1
2015	61	610	2,3	1,36	613,2	618,6
2016	65	661	2,3	1,37	664,1	669,8
2017	61	623	2,2	1,32	626,6	632,0

En el subgrupo 02.02. del sector residencial, la diferencia entre los dos horizontes temporales es de un 0,8%, haciendo que en el corto plazo se consideren la emisión de unas 15 kt de CO_2 equivalente cada año. Los valores que interesan a la hora de los cálculos venideros son los del último año datado con valores, el 2017. Como el horizonte temporal que se ha marcado el proyecto es 2030, se considera más realista el valor de kilotoneladas de CO_2 equivalente para el caso de Potenciales de Calentamiento Global a 20 años.

Tabla 12.   *GEI en kt de CO₂ eq. en sector 02.02. Actividades residenciales*

	CH$_4$ (t)	CO$_2$ (kt)	N$_2$O (t)	BC (t)	kt de CO$_2$ eq. (GWP100)	kt de CO$_2$ eq. (GWP20)
1999	202	1.888	10,6	1,41	1.897,8	1.911,2
2000	183	1.756	9,1	1,36	1.764,6	1.776,9
2001	165	1.614	7,7	1,29	1.621,0	1.632,2
2002	165	1.622	7,4	1,31	1.629,8	1.641,0
2003	177	1.758	7,5	1,45	1.766,1	1.778,2
2004	180	1.809	7,3	1,51	1.816,6	1.828,9
2005	179	1.792	7,1	1,50	1.799,9	1.812,2
2006	176	1.723	7,0	1,44	1.730,3	1.742,3
2007	190	1.810	7,2	1,53	1.818,0	1.831,0
2008	194	1.832	7,1	1,56	1.840,0	1.853,1
2009	198	1.758	6,9	1,50	1.766,6	1.780,0
2010	216	1.666	7,0	1,42	1.674,7	1.689,0
2011	219	1.570	6,8	1,34	1.578,3	1.592,5
2012	231	1.635	6,9	1,42	1.643,8	1.658,8
2013	238	1.648	6,9	1,44	1.657,4	1.672,9
2014	229	1.486	6,6	1,29	1.495,4	1.510,2
2015	225	1.445	6,4	1,26	1.453,8	1.468,3
2016	235	1.553	6,5	1,36	1.562,1	1.577,3
2017	226	1.463	6,3	1,28	1.472,2	1.486,8

Las emisiones obtenidas para un potencial de calentamiento global a 20 años son un 0,84% superiores a las de 100 años, lo que equivale a unas 20 kilo toneladas de CO$_2$ equivalente a considerar cada año. El impacto de esta diferencia de kilo toneladas no es fácilmente predecible, pero cuánto más desfavorable sea el estudio más margen de actuación existirá. Por lo tanto, y una vez vistas las comparaciones temporales, las medidas que se consideren oportunas deben enfocarse a combatir contaminantes de corta duración y tener como datos de partida los cálculos con el menor horizonte temporal.

Tabla 13. *GEI en kt de CO_2 eq. en el grupo SNAP 02 sector RCI*

	CH₄ (t)	CO₂ (kt)	N₂O (t)	BC (t)	kt de CO₂ eq. (GWP100)	kt de CO₂ eq. (GWP20)
1999	278	2.584	14,7	3,86	2.597,7	2.619,1
2000	266	2.539	13,3	3,79	2.552,7	2.573,3
2001	254	2.469	12,0	3,68	2.481,6	2.501,4
2002	240	2.349	10,9	3,28	2.360,1	2.378,5
2003	258	2.549	10,9	3,43	2.561,0	2.580,6
2004	267	2.666	10,9	3,52	2.678,3	2.698,5
2005	268	2.685	10,8	3,57	2.697,4	2.717,8
2006	259	2.548	10,4	3,38	2.559,8	2.579,3
2007	269	2.604	10,3	3,32	2.616,5	2.636,6
2008	270	2.601	10,0	3,25	2.613,4	2.633,4
2009	272	2.498	9,7	3,16	2.510,1	2.530,1
2010	286	2.367	9,6	3,04	2.379,2	2.399,8
2011	285	2.230	9,3	2,89	2.242,0	2.262,3
2012	299	2.324	9,4	2,94	2.337,1	2.358,3
2013	306	2.343	9,4	2,92	2.356,3	2.377,8
2014	292	2.114	8,9	2,69	2.125,9	2.146,3
2015	286	2.055	8,7	2,62	2.067,0	2.086,9
2016	300	2.214	8,9	2,74	2.226,3	2.247,2
2017	288	2.087	8,5	2,60	2.098,8	2.118,8

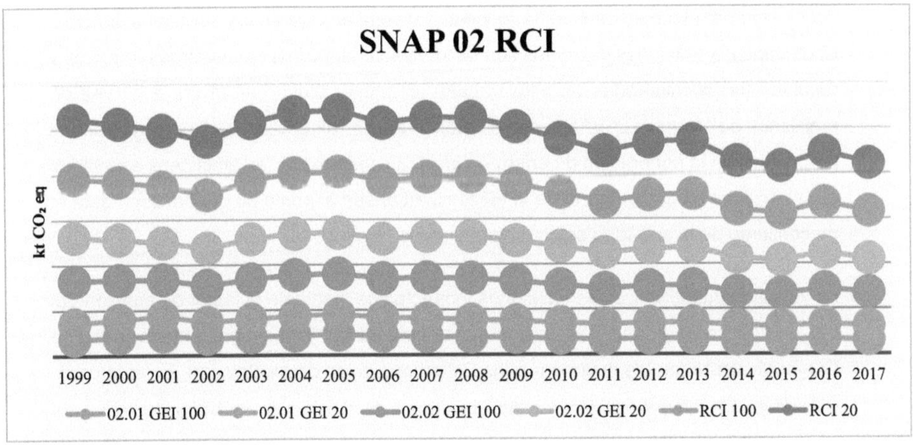

Figura 7. Evolución de GEI de las diferentes actividades del SNAP02 en 20 y 100 años

Se observa que la tendencia general de las emisiones directas de GEI es descendente, habiéndose reducido en un 14% entre el inicio y el final del periodo inventariado de 18 años. Una de las causas de la disminución es la mejora tecnológica con los años de los equipos de combustión utilizados. El cambio de combustibles de alta tasa de emisión (carbón) por otros de menor contaminación por unidad de energía (gas natural) está siendo progresivo y necesario. Las fluctuaciones en las emisiones de los últimos años se deben únicamente a factores aleatorios y a un mayor o menor consumo de calderas de gas natural cada año.

EMISIONES INDIRECTAS GRUPO SNAP 02

Las emisiones indirectas son también una fuente de contaminación a considerar, pues su efecto no ha sido siempre cuantificado, por no emitirse en el mismo punto en el que se produce la actividad contaminante. El principal foco de estudio para cuantificar esta contaminación es la electricidad, siendo el claro ejemplo de que la emisión no siempre se produce en el mismo lugar que se desarrolla la actividad. Las emisiones generadas para producir esta electricidad son las que se computan en las emisiones indirectas. Concretamente, se contabilizan únicamente las asociadas a la energía eléctrica que procede de la red, pues las derivadas de la fracción de energía eléctrica generada y consumida por el propio usuario (autoconsumo) computan ya en las emisiones directas. El otro tipo de emisiones indirectas son las derivadas del consumo de otros productos y recursos (no consideradas en este trabajo). El primer bloque se divide a su vez en emisiones de "Alcance 2" y "Alcance 3", siendo las de "Alcance 2" las que engloban las producidas en la generación de energía eléctrica consumida y las emisiones asociadas a las pérdidas en el transporte de la electricidad desde el punto de generación hasta el de consumo de la actividad se consideran las de "Alcance 3".

La forma de cuantificar estas emisiones indirectas es mediante el factor de emisión del mix energético de producción de energía eléctrica. Este factor representa la masa de CO_2 equivalente que se emite por cada GWh consumido de electricidad. En este caso, solamente se pueden considerar las emisiones de dióxido de carbono derivado del consumo eléctrico (Alcances 2 y 3), ya que es el único GEI con información fiable y el más relevante de todos los contaminantes contribuyendo por encima del 98% al total de emisiones de GEI indirectas. Existen datos de las emisiones indirectas totales en Madrid

　　　　　　　　　　　　　　　　　　　ÓSCAR PÉREZ HUERTAS

desde el principio del periodo inventariado, pero solo existen valores de las emisiones indirectas en el grupo SNAP02 a partir del año 2006 (Madrid, Inventario de emisiones de Efecto Invernadero del municipio de Madrid 2016, 2018b), por lo tanto, se muestran los datos a partir de este año.

Tabla 14.   FE por unidad de energía eléctrica consumida en grupo SNAP02

	Electricidad facturada total (GWh)	F.E. eléctrico (ktCO2/GWh)	Emisiones indirectas (kt CO2)	Emisiones indirectas RCI (kt CO2)	Contribución RCI (%)
2006	13.948	0,456	6.359	5.187	82%
2007	14.201	0,469	6.661	5.420	81%
2008	14.590	0,401	5.844	4.802	82%
2009	14.413	0,362	5.211	4.502	86%
2010	14.228	0,292	4.148	3.438	83%
2011	13.842	0,35	4.846	4.016	83%
2012	13.716	0,374	5.131	4.373	85%
2013	13.004	0,3	3.902	3.351	86%
2014	12.575	0,306	3.851	3.311	86%
2015	12.630	0,346	4.374	3.759	86%
2016	12.573	0,281	3.531	3.030	86%

Todos los sectores poseen alguna actividad cuya realización emplee electricidad, pero es el grupo SNAP 02 el que mayor porcentaje de emisiones indirectas tiene asociadas. Dentro del total de emisiones indirectas en el municipio de Madrid, de media un 86% pertenece exclusivamente al sector RCI. Sin embargo, del total de emisiones directas del último año (7.175 kt CO_2 eq.), el sector RCI solo contribuye al 31% de las mismas. Si se contabilizan juntas las dos emisiones se obtiene que el sector residencial, comercial e institucional es responsable de la emisión de prácticamente la mitad de los GEI de Madrid, emitiendo 5.277 kt de CO_2 equivalente a la atmósfera sobre las 10.706 kt de CO_2 equivalente globales del último dato.

Tabla 15.   *Emisiones directas e indirectas del grupo SNAP 02*

	Emisiones Alcance 1 (directas)	Emisiones Alcance 2 (indirectas)	Emisiones Alcance 3 (indirectas)	Emisiones TOTALES RCI	% Directas (1)	% Indirectas (2 + 3)
2006	2.579	4.520	666	**7.765**	33,22%	66,78%
2007	2.636	4.686	735	**8.057**	32,72%	67,28%
2008	2.633	4.203	599	**7.435**	35,42%	64,58%
2009	2.530	3.943	559	**7.032**	35,98%	64,02%
2010	2.399	3.014	425	**5.838**	41,10%	58,90%
2011	2.262	3.570	446	**6.278**	36,03%	63,97%
2012	2.358	3.886	487	**6.731**	35,03%	64,97%
2013	2.377	2.971	381	**5.729**	41,50%	58,50%
2014	2.146	2.892	419	**5.457**	39,33%	60,67%
2015	2.086	3.291	469	**5.846**	35,69%	64,31%
2016	2.247	2.653	377	**5.277**	42,58%	57,42%

Cabe destacar que, al igual que las emisiones directas, las indirectas también han decrecido en el sector RCI desde el comienzo del periodo inventariado en torno a un 25%, frente al 14,3% de las directas y al 17,3% de las totales. Este hecho se debe principalmente al factor de emisión eléctrico existente, pues con los años las energías renovables han ido incrementando su contribución al sistema de generación eléctrica, llegándose a reducir hasta el 48% en el periodo inventariado. Pese a este descenso, el consumo de electricidad de Madrid llegó a incrementarse en un 15% durante el periodo datado.

Tabla 16. *Emisiones directas e indirectas de GEI en el municipio (kt CO₂ equivalente)*

	Emisiones (kt CO₂ equivalente)			Contribución sobre TOTAL (%)		
	Directas	Indirectas	TOTAL	Directas	Indirectas	TOTAL
1990	8.283	4.670	**12.953**	63,9	36,1	100
1999	9.149	5.917	**15.066**	60,7	39,3	100
2000	9.270	5.968	**15.238**	60,8	39,2	100
2001	9.136	6.173	**15.309**	59,7	40,3	100
2002	9.167	6.426	**15.594**	58,8	41,2	100
2003	9.289	5.925	**15.213**	61,1	38,9	100
2004	9.246	6.320	**15.566**	59,4	40,6	100
2005	9.422	6.760	**16.182**	58,2	41,8	100
2006	9.481	6.359	**15.840**	59,9	40,1	100
2007	9.462	6.661	**16.123**	58,7	41,3	100
2008	9.368	5.844	**15.212**	61,6	38,4	100
2009	8.875	5.211	**14.086**	63,0	37,0	100
2010	8.507	4.148	**12.655**	67,2	32,8	100
2011	7.928	4.846	**12.774**	62,1	37,9	100
2012	7.737	5.131	**12.867**	60,1	39,9	100
2013	7.514	3.902	**11.416**	65,8	34,2	100
2014	7.146	3.851	**10.996**	65,0	35,0	100
2015	6.815	4.374	**11.189**	60,9	39,1	100
2016	7.175	3.531	**10.706**	67,0	33,0	100

Comparativa de emisiones a nivel nacional

El municipio de Madrid engloba una cantidad significativa de población, actividades y servicios que derivan en un conjunto de emisiones que no solo tienen repercusión a nivel local de la ciudad, sino también a nivel nacional en España. Dado que las cantidades globales de emisiones no son una medida comparativa justa, se procede a usar otros indicadores que faciliten una imagen más comparable. Para ello se comparan las emisiones producidas en cada territorio en función de la población existente y de la economía (unidad de Producto Interior Bruto – PIB). Según (Madrid, Inventario de emisiones de Efecto Invernadero del municipio de Madrid 2016, 2018b) en 2016, el municipio de Madrid acogió el 7% de la población española y generó el 3% de las emisiones totales de GEI (directas e indirectas).

Esta diferencia significativa entre los indicadores del municipio de Madrid y los de España se debe a la estructura productiva del municipio, ya que la mayor parte de la actividad económica de Madrid se sustenta en el sector terciario de servicios y no en el secundario de la industria que consume más energía y produce más emisiones.

Tabla 17. *Comparación de principales indicadores de emisión a nivel municipal y nacional*

	MADRID					ESPAÑA				
	Población	PIB, mill. €2000	Emisiones totales de GEI (kt CO2 eq)	Emisión per cápita (t CO2 eq/hab)	Emisión por unidad de PIB (t CO2eq / mill €2000)	Población	PIB, mill. €2000	Emisiones totales de GEI (kt CO2 eq)	Emisión per cápita (t CO2 eq/hab)	Emisión por unidad de PIB (t CO2eq / mill €2000)
2000	2.882.860	71.254	15.238	5,3	214	40.499.791	629.943	385.572	9,5	612
2001	2.957.058	75.644	15.309	5,2	202	41.116.842	652.607	383.101	9,3	587
2002	3.016.788	78.126	15.594	5,2	200	41.837.894	670.256	401.583	9,6	599
2003	3.092.759	80.741	15.213	4,9	188	42.717.064	690.764	409.170	9,6	592
2004	3.099.834	83.597	15.566	5,0	186	43.197.684	713.354	424.452	9,8	595
2005	3.155.359	88.219	16.182	5,1	183	44.108.530	738.653	439.070	10,0	594
2006	3.128.600	92.254	15.840	5,1	172	44.708.964	767.826	432.287	9,7	563
2007	3.132.463	95.975	16.123	5,1	168	45.200.737	794.418	443.469	9,8	558
2008	3.213.271	98.076	15.212	4,7	155	46.157.822	801.682	409.930	8,9	511
2009	3.255.944	95.265	14.086	4,3	148	46.745.807	772.106	370.641	7,9	480
2010	3.273.049	94.765	12.655	3,9	134	47.021.031	769.711	355.882	7,6	462
2011	3.265.038	95.459	12.774	3,9	134	47.190.493	774.174	355.441	7,5	459
2012	3.233.527	93.554	12.867	4,0	138	47.265.321	760.793	348.927	7,4	459
2013	3.207.247	90.995	11.416	3,6	125	47.129.783	752.294	321.918	6,8	428
2014	3.165.235	92.228	10.996	3,5	119	46.771.341	795.127	324.326	6,9	408
2015	3.141.991	95.424	11.189	3,6	117	46.624.382	779.040	335.809	7,2	431
2016	3.165.541	98.425	10.706	3,4	109	46.557.008	803.720	324.707	7,0	404

Desagregación del Sector RCI por servicios

A la hora de repartir los consumos y emisiones totales del sector RCI se han seguido los servicios definidos por el documento de referencia "Análisis del consumo energético del sector residencial en España" como Proyecto SECH-SPAHOUSEC con el Informe Final del IDEA[26] del año 2012 y sucesivas actualizaciones hasta el 2019. La recopilación de información energética y socioeconómica se realizó a través de estadísticas

---

[26]

https://www.idae.es/uploads/documentos/documentos_Informe_SPAHOUSEC_ACC_f68291a3.pdf 2012

elaboradas por el Ministerio de Industria, Turismo y Comercio, así como de las realizadas por el Instituto Nacional de Estadística (INE).

Los servicios de uso que se definen en el sector RCI son finalmente 6: Calefacción, Agua Caliente Sanitaria, Cocina, Refrigeración, Iluminación y Electrodomésticos. Destacar únicamente la imposibilidad de dimensionar completamente el consumo de ciertos servicios por su concurrencia con otros equipamientos no medidos y que no son fácilmente cuantificables como son **(IDAE, 2011)**:

- ➢ Iluminación: el consumo se estima en función del equipamiento existente y el uso del mismo estimado por los propios usuarios en el trabajo de campo.

- ➢ Standby: este es el consumo derivado de la inactividad de ciertos electrodomésticos o aparatos eléctricos. Su estimación se basa en la diferencia entre el consumo total medio de periodos de nulo o mínimo consumo eléctrico y las mediciones de consumos en periodos de funcionamiento.

- ➢ Equipamiento eléctrico genérico: en este caso la diferencia se realiza entre el consumo total diario y el sumatorio de los consumos diarios asociados al resto de equipamientos sí cuantificados.

El procedimiento de desagregación del sector RCI (calculando por separado ámbito residencial de comercial e institucional) parte de los consumos de combustibles (gas natural, GLP, gasóleo, carbón y biomasa/renovables) y electricidad obtenidos del Inventario para el último año con valores (2017) (Madrid, Inventario de emisiones de contaminantes a la atmósfera del municipio de Madrid 1999-2017, 2019). Los valores de consumo total de fuentes de energía fósil y de electricidad, separados para cada sector del grupo SNAP02, son el punto de partida inicial sobre el que repartir para los 6 servicios distintos.

Como el Inventario no reparte estos consumos por servicios, se emplean los valores porcentuales de desagregación por usos y servicios del Proyecto SECH-SPAHOUSEC para cada caso. De estos porcentajes de reparto del total de los consumos se obtienen los valores de GJ específicos consumidos por cada servicio. De esta forma, ya se ha repartido el total de los consumos en los 6 bloques de servicios existentes.

Se toma nuevamente el reparto porcentual del Proyecto SECH-SPAHOUSEC de los servicios según la fuente energética que empleen (todos los combustibles fósiles y electricidad por separado) y se calculan los GJ concretos que cada fuente de energía ha consumido en un servicio. Ahora cada fuente de energía tiene unos GJ de consumo derivados de cada servicio que, sumando la contribución de los 6 servicios, debería coincidir con el consumo total de ese combustible obtenido del Inventario (Madrid, Inventario de emisiones de contaminantes a la atmósfera del municipio de Madrid 1999-2017, 2019).

No obstante, al tomar fuentes de referencia e información distintas, existe un error de descuadre de cifras que se tiene que corregir. El valor que se toma como imperativo es el de consumo del Inventario, por lo que, realizando un ajuste equitativo con el nuevo valor de consumo del combustible, se reparten nuevamente los consumos individuales de cada combustible por servicio. En esta ocasión, se suma la contribución de todos los combustibles a un mismo servicio para obtener el consumo de GJ final de cada servicio.

Se suman los aportes de los 6 servicios para obtener el valor del consumo total en GJ que, ahora sí, coincide con el dato de partida del consumo del Inventario. Una vez que coinciden los valores iniciales de partida y los finales, se puede decir que el reparto obtenido, tanto en GJ como porcentualmente, representa la desagregación de consumos por usos y servicios y según el tipo de combustible del sector RCI.

De la misma forma, se puede operar con los valores desagregados de consumos para obtener también las emisiones derivadas únicamente aplicando el factor de emisión de cada combustible. De este modo, se persigue determinar las emisiones del sector residencial por segmentos y por fuente energética, permitiendo conocer dónde y cómo se producen las mismas.

Se van a representar gráficamente los resultados porcentuales obtenidos del proceso de desagregación por servicios. De esta forma se consigue el objetivo principal de visualizar más claramente dónde y cómo se producen los consumos y emisiones. Las tablas con los valores obtenidos se adjuntan en los anexos (anexo I).

Globalmente es el subgrupo de menor consumo de GJ y, por consecuencia, generador de menores emisiones de GEI (directas e indirectas). Aproximadamente conllevan un 30% del peso de todo el sector RCI en Madrid.

o ***Consumos***

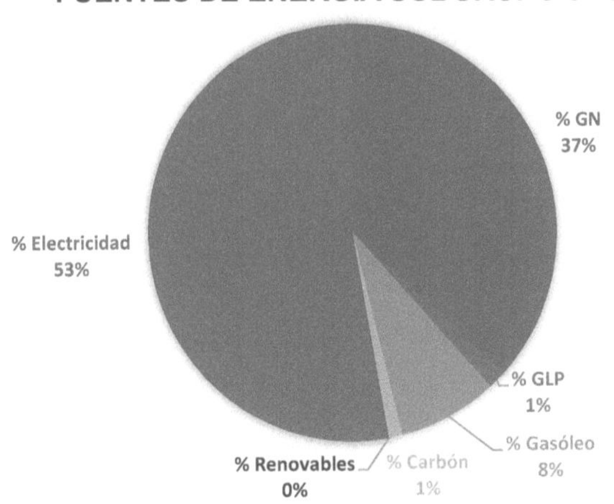

Figura 8. Reparto porcentual de los combustibles y electricidad dentro del subgrupo comercial e institucional

Los consumos del último año en el subgrupo comercial e institucional son los definidos en el Inventario y repartidos mayoritariamente en electricidad (53%). No sorprende la baja contribución de combustibles distintos al gas natural, pero sí el aporte nulo porcentual de renovables (biomasa).

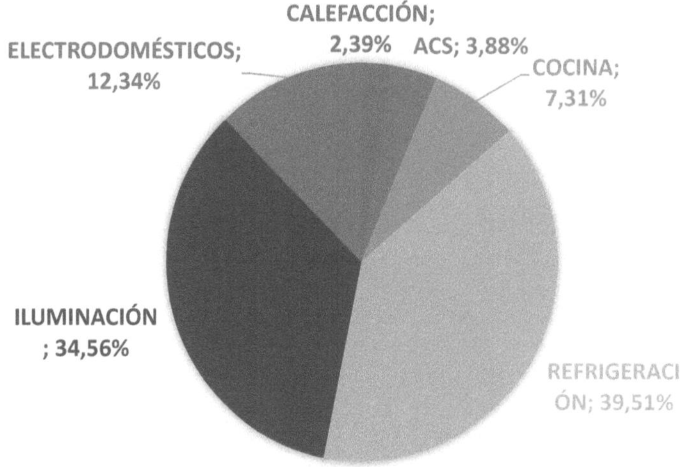

Figura 9. Reparto del consumo eléctrico entre los servicios subgrupo comercial e institucional

El elevado consumo de electricidad del subgrupo indica la gran cantidad de actividades electrificadas que existen. Repartiendo ese consumo entre los distintos servicios permite observar las dos actividades que más requieren de esta fuente de energía: la refrigeración y la iluminación (suponen el 75% del consumo eléctrico). Lo servicios que menos electricidad requieren en este caso son los mismos que consumen mayor cantidad de combustibles fósiles: la calefacción, el ACS y la cocina.

DESAGREGACIÓN CONSUMO POR SERVICIOS 02.01.

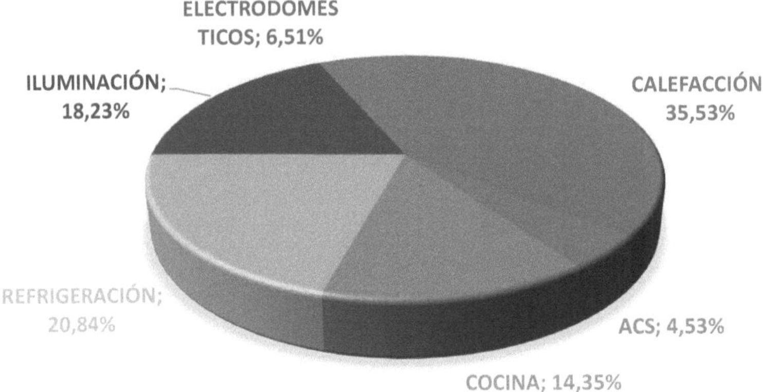

Figura 10. Desagregación consumo combustibles y electricidad por servicios en subgrupo comercial e institucional

La Figura 6 muestra la imagen final del sector comercial e institucional, la cual presenta un reparto heterogéneo entre los servicios. Las actividades destinadas a la climatización de los edificios (calefacción y refrigeración) abarcan más de la mitad del consumo, aunque cada una con una fuente energética predominante distinta (combustibles y electricidad, respectivamente). Los servicios mayoritariamente eléctricos (electrodomésticos, iluminación y refrigeración) engloban algo menos de la mitad del consumo, frente a los alimentados mayoritariamente por el uso de combustibles fósiles (calefacción, ACS y cocina) que abarcan el resto (ver anexo I). De este modo se tiene una imagen más gráfica del subgrupo y de su reparto más o menos equitativo entre electricidad y combustibles, pero se puede afinar todavía más dentro de cada servicio.

Los servicios puramente eléctricos (refrigeración, iluminación y electrodomésticos) no aportan más información a la desagregación interna, pues no emplean combustibles fósiles de manera directa. Sin embargo, la calefacción, el ACS y la cocina presentan un reparto de fuentes de energía en sus consumos que permiten desagregarlas.

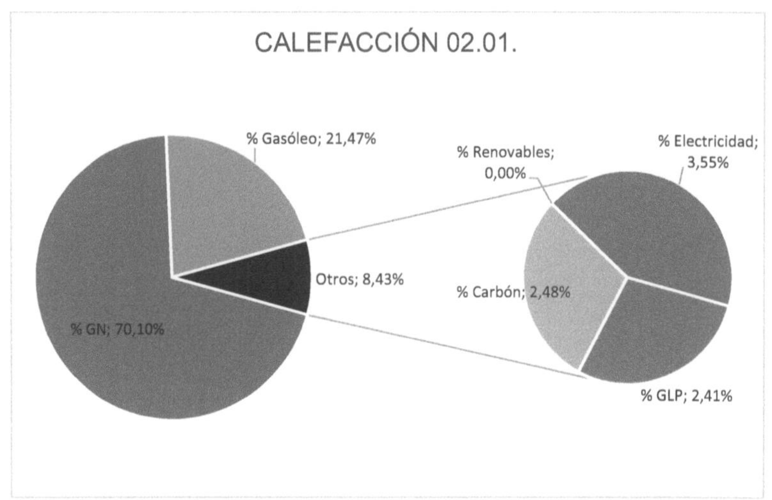

Figura 11. Reparto de fuentes energéticas del servicio calefacción en subgrupo comercial e institucional

Más del 70% del consumo energético para calefacción del subgrupo es gas natural, seguido del gasóleo con más de un 20%. La siguiente fuente energética es la electricidad, con un escaso aporte del 3,55%.

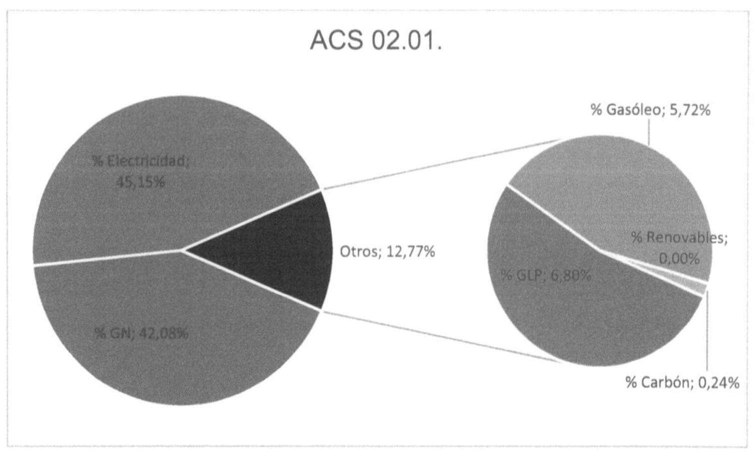

Figura 12. Reparto de fuentes energéticas del servicio ACS en subgrupo comercial e institucional

ÓSCAR PÉREZ HUERTAS

En lo relativo al agua caliente sanitaria, el consumo se deriva hacia la electrificación, copando cerca de la mitad del consumo del subgrupo y superando al gas natural. El gasóleo también decrece en detrimento del GLP, que incrementa su peso relativo.

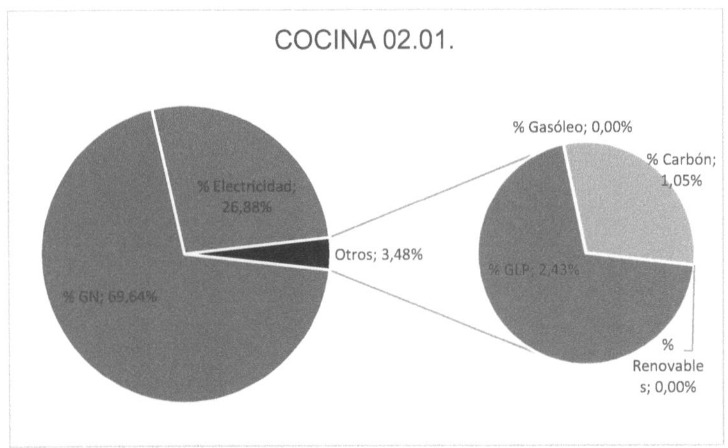

Figura 13. Reparto de fuentes energéticas del servicio cocina en subgrupo comercial e institucional

La cocina del sector comercial e institucional prefiere el uso de gas natural (69,64%) frente al eléctrico (26,88%). El resto de combustibles apenas se consideran imputables al global, pero que también influyen en las emisiones contaminantes que se desprenden de su combustión.

o **Emisiones**

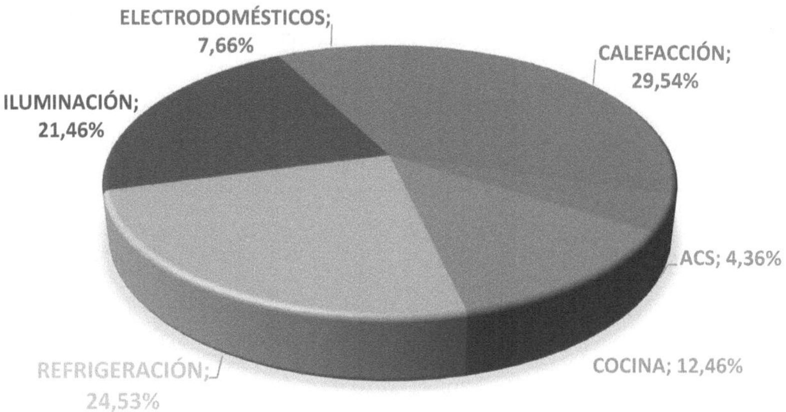

Figura 14. Desagregación de las emisiones de GEI totales en subgrupo comercial e institucional

El reparto en las emisiones de GEI (directas e indirectas) entre los diferentes servicios guarda relación con el reparto de consumos, pero no mantiene las cantidades relativas. Si en el consumo, la calefacción y la refrigeración estaban separadas por un 15%, esa diferencia se minimiza hasta solo un 5% cuando se trata de emisiones. Con este reparto casi equitativo de los dos servicios y la diferencia en la obtención de energía, se puede comprobar que el mix eléctrico actual resulta poco eficiente, incluso menos que el uso mayoritario de gas natural. Los servicios puramente eléctricos engloban más de la mitad de las emisiones pese a que el consumo eléctrico era muy similar al de combustibles.

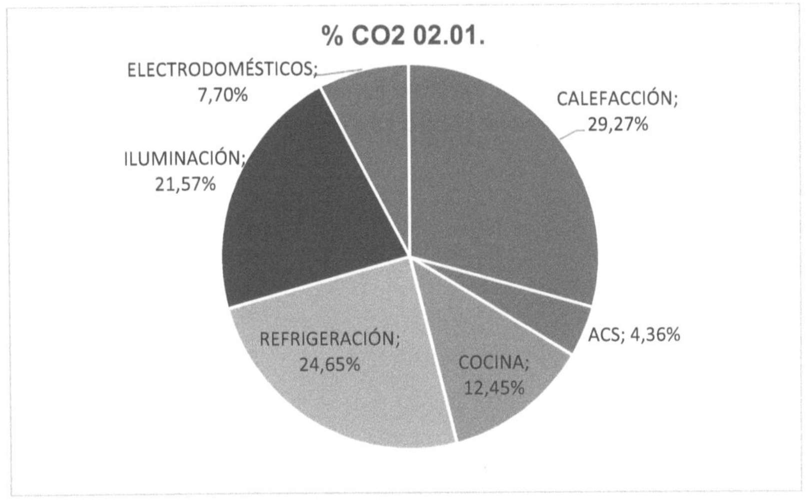

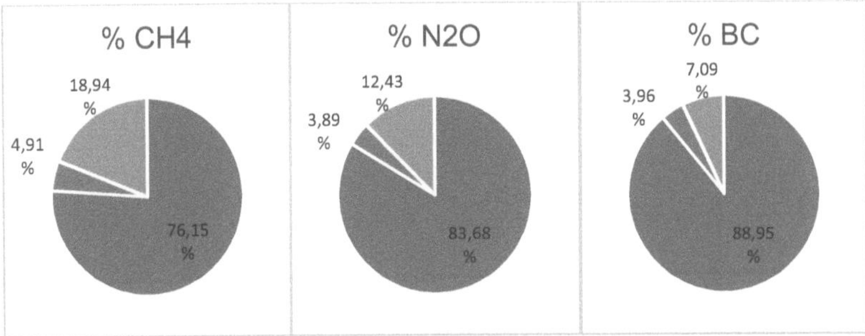

Figura 15. Desagregación GEI por servicios en subgrupo comercial e institucional

Los gases de efecto invernadero tienen diferente contribución al total de emisiones, siendo claramente el dióxido de carbono el que más aporta. Como emisiones directas, los 4 compuestos estimados contribuyen a ese tipo de contaminación, mientras que con las indirectas solo computa el CO_2. La calefacción es el servicio que mayores emisiones de GEI produce. La desagregación del CO_2 por servicios es prácticamente equivalente a la del sector comercial e institucional completo por ser el gas más significativo y el que se computa con el uso de la electricidad.

02.02 SUBGRUPO RESIDENCIAL

La contribución global en GJ del subgrupo residencial es mucho mayor que la del comercial e institucional, abarcando hasta el 70% del peso del grupo SNAP02.

o **Consumos**

FUENTES DE ENERGÍA SUBGRUPO 02.02.

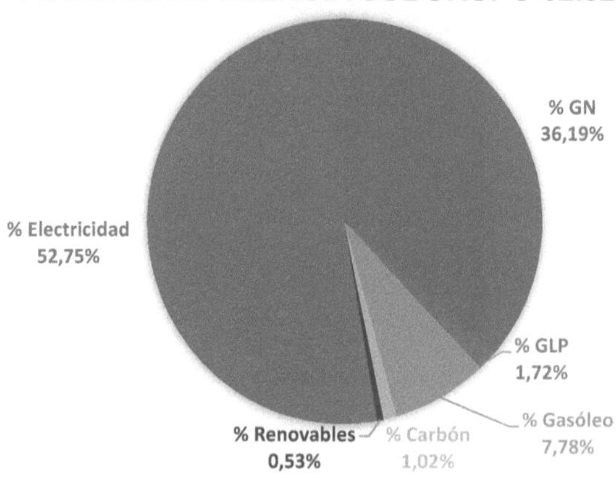

Figura 16. Reparto porcentual de los combustibles y electricidad del subgrupo residencial

El peso de la electricidad sobre el consumo de energía vuelve a ser el mayor en el caso del subgrupo residencial. Las renovables aparecen mínimamente contabilizando casos concretos de uso de biomasa o paneles solares. La mayor electrificación del ámbito residencial permite seguir apostando por equipos eléctricos hacia la descarbonización del sector.

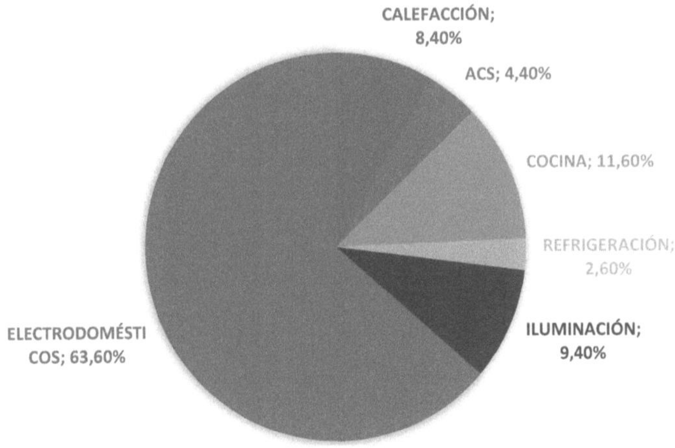

Figura 17. Reparto del consumo eléctrico entre los servicios del subgrupo residencial

La electrificación del sector promueve conocer en qué servicios se usa esa electricidad, pues se conoce que hay servicios puramente eléctricos y otros no. Los electrodomésticos poseen en el subgrupo residencial el mayor consumo eléctrico con casi 2/3 del total. El servicio de mayor demanda eléctrica en el comercial e institucional, la refrigeración, es relegada al último lugar en términos de contribución al subgrupo residencial. Las diferentes necesidades de los edificios, según sean de un subgrupo u otro, son las que manifiestan estas grandes diferencias en el reparto del consumo eléctrico.

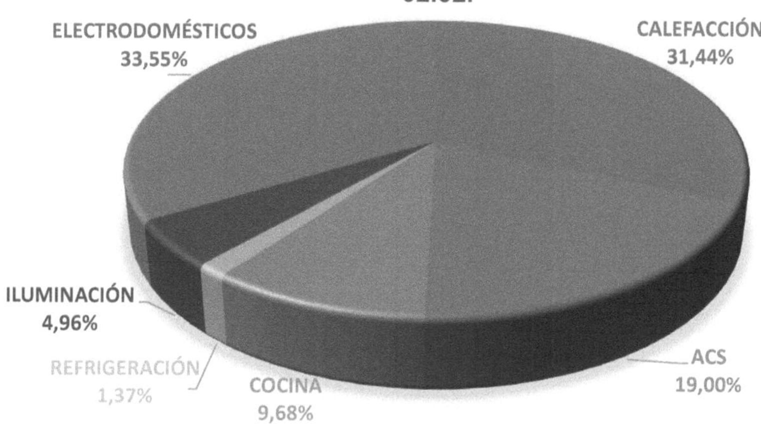

Figura 18. Desagregación consumo combustibles y electricidad por servicios en el subgrupo residencial

Como se muestra en la Figura 14, el reparto del subgrupo residencial se presenta algo más equitativo en cuanto a los dos servicios mayoritarios se refiere (electrodomésticos y calefacción, con una contribución individual próxima al 32-33%). El servicio prácticamente exclusivo en las viviendas de los electrodomésticos infiere a su vez con los mayores consumos del sector, seguido de la calefacción y el ACS. Entre estos tres servicios engloban prácticamente el 85% de los GJ totales consumidos por el subsector. La refrigeración parece un servicio mucho más importante en el subgrupo comercial e institucional que en el residencial.

Del mismo modo que los servicios puramente eléctricos no aportaban información extra al desagregarlos en el subgrupo comercial e institucional, sucede lo mismo en el comercial, donde se alimentan exclusivamente de electricidad.

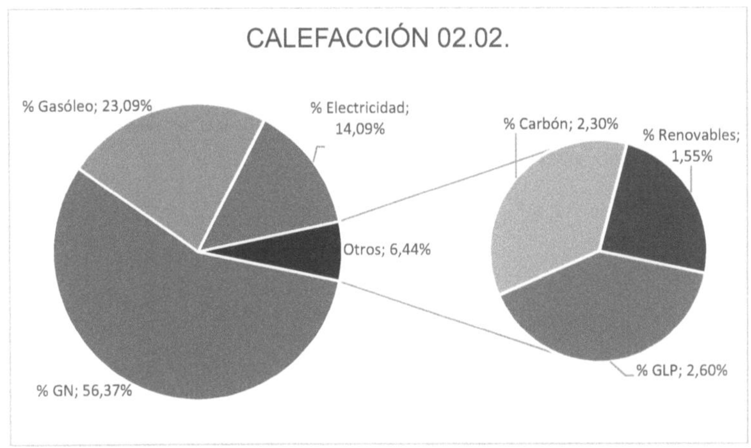

Figura 19. Reparto de fuentes energéticas del servicio calefacción en subgrupo residencial

Los equipos destinados a la calefacción de viviendas utilizan mayoritariamente combustibles fósiles como el gas natural y el gasóleo (~80%) por delante de la electricidad (14%). Las fuentes renovables aparecen mínimamente para contrarrestar el uso de otros combustibles más contaminantes con el carbón.

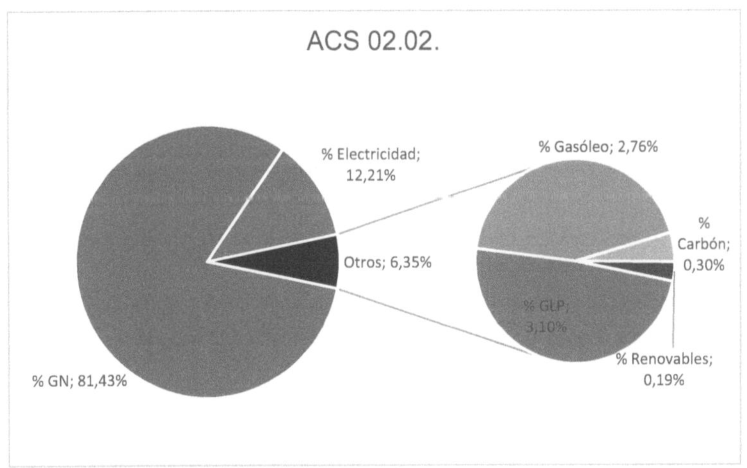

Figura 20. Reparto de fuentes energéticas del servicio ACS en subgrupo residencial

La producción de agua caliente sanitaria ahonda más en la diferencia entre el gas natural (81%) y la electricidad, que se ve reducida a un 12%. Aun teniendo en cuenta esta diferencia, conviene destacar que la electricidad es la segunda fuente de energía más utilizada para la generación de ACS, superando a los otros derivados del petróleo. El carbón y las renovables se reducen al mínimo.

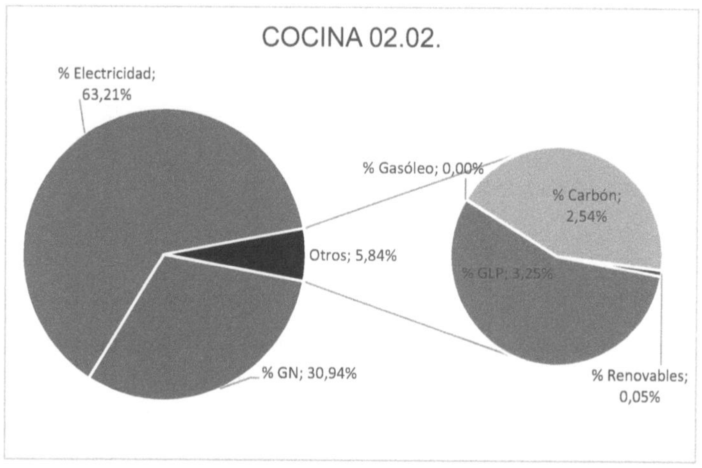

Figura 21. Reparto de fuentes energéticas del servicio cocina en subgrupo residencial

Por la distribución de fuentes energéticas en las cocinas de los hogares, se puede ver cómo la electrificación se ha confirmado en este servicio a nivel residencial, aunando dos terceras partes del consumo. Los equipos eléctricos de cocina se prefieren a los de gas natural en las viviendas, hecho que resultaba opuesto en el comercial e institucional.

Estos contrastes tan marcados en ciertos servicios entre los dos subgrupos no son de extrañar dada las diferencias de uso que se producen en cada subgrupo.

o **Emisiones**

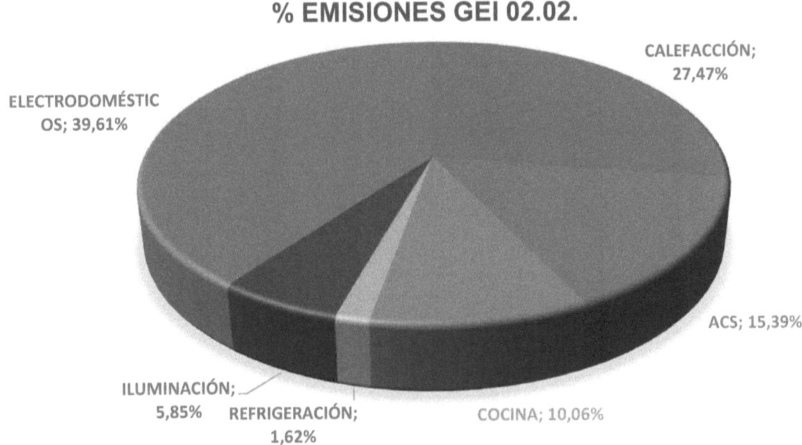

Figura 22. Desagregación de las emisiones de GEI totales en subgrupo residencial

Las emisiones se reparten de manera diferente en el ámbito residencial que en el comercial e institucional, donde el uso de los electrodomésticos es nuevamente el primero en contribución como sucede con el consumo. Si en los consumos era algo más equitativo el reparto entre electrodomésticos y calefacción, en las emisiones se acentúa la diferencia, penalizando el uso de electricidad. Este hecho pone en evidencia que si se quieren reducir las emisiones de GEI (directas e indirectas) de forma significativa, además de disminuir el consumo, se tiene que realizar un importante esfuerzo en reducir el factor de emisión asociado al mix de producción eléctrico fomentando la penetración definitiva de las energías renovables. Observando con detalle los valores globales, se observa cómo las emisiones indirectas derivadas del uso de electricidad son prácticamente el doble que las directas de los combustibles.

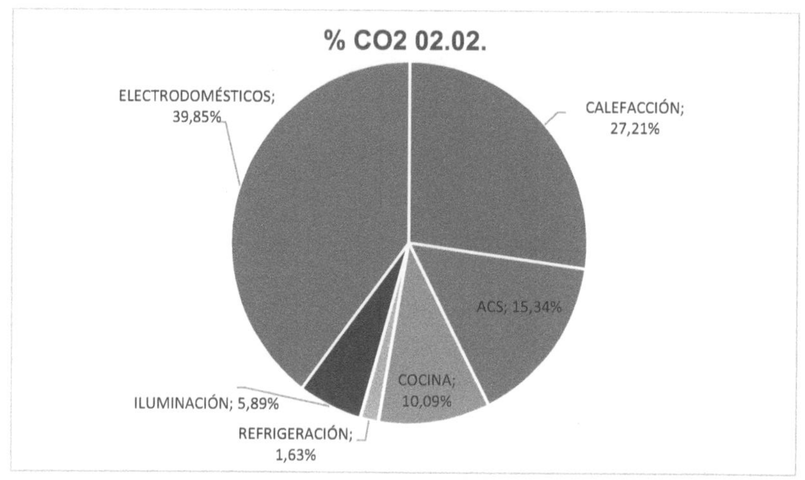

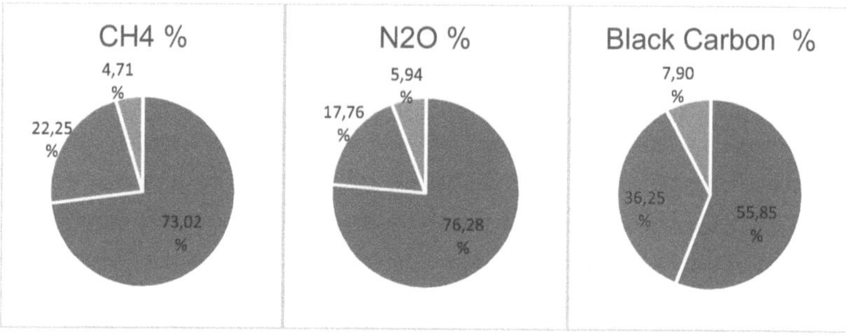

Figura 23. Desagregación de GEI por servicios en subgrupo residencial

La alta electrificación de determinados servicios, y del subgrupo residencial en general, implica que las emisiones indirectas sean muy elevadas, siendo muy superiores a las directas como así se ha visto en el sector RCI completo. Las emisiones de CO_2 del residencial se deben en su mayor parte a los electrodomésticos y a la calefacción, siendo este último servicio el más emisor de los otros GEI. Destacar el aporte de black carbon tan considerable que aporta el ACS, cuando solía ser la calefacción el servicio que emitía en su mayoría estos compuestos contaminantes. Se debe principalmente al mayor uso de combustibles líquidos como el gasóleo, que generan emisiones de material particulado.

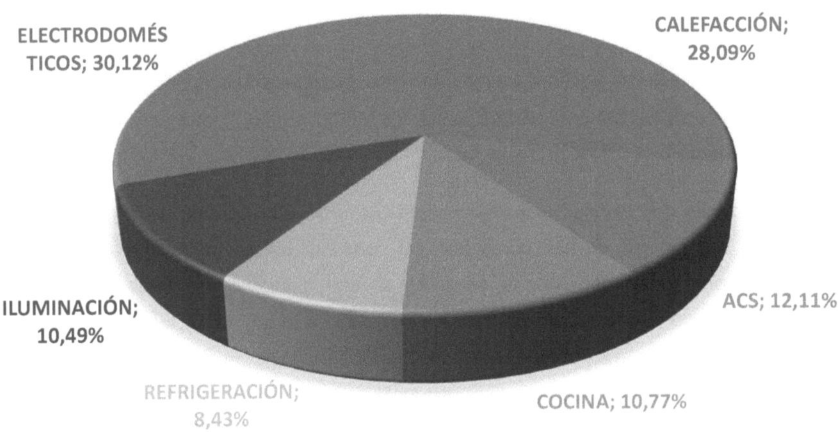

Figura 24. Desagregación de las emisiones de GEI totales en sector RCI SNAP02

Unificando los dos subgrupos del sector RCI se puede observar que la disparidad de uso en ciertos servicios entre subgrupos y su uso marcado de electricidad permite que todos los servicios contribuyan en una cantidad considerable a las emisiones. El reparto global de emisiones entre servicios es más acorde al caso del subgrupo residencial, pues el peso del mismo dentro del grupo SNAP02 es mucho mayor.

Diagnóstico situación actual

El sector RCI no se reparte de manera uniforme entre los dos subgrupos, teniendo un mayor peso el consumo y las emisiones de las viviendas. Las edificaciones comerciales e institucionales presentan una estructura de consumo, y por consecuencia de emisiones, alejada de la residencial. Este hecho, pese al menor peso en el bloque del subgrupo comercial e institucional, permite adecuar las necesidades de mejora al caso específico de estas construcciones. La situación actual se encamina hacia la electrificación del sector, pues en ambos subgrupos el consumo eléctrico supera al de combustibles fósiles, pero también incrementa las emisiones por el mix eléctrico. Este consumo de electricidad se reparte disparmente en los sectores, donde las necesidades de climatización imperan en el subgrupo comercial e institucional y las de tipo doméstico en el residencial.

El consumo medio de los hogares madrileños, pertenecientes a una climatología continental caracterizada por grandes contrastes térmicos entre el verano y el invierno, supera en un 27% al consumo medio nacional (Deloitte, 2019).

Los consumos de calefacción, basados principalmente en sistemas de combustión térmicos, representan un alto porcentaje del consumo del sector residencial. Esta demanda energética, dependiente de si se obtiene mediante combustibles o por electricidad, aporta diferencias sustanciales en cuanto a la estructura de consumo en los hogares. En las residencias en bloque existe un mayor equilibrio entre ambos consumos, mientras que las viviendas unifamiliares abogan más por el consumo de combustibles para hacer frente a sus necesidades. La demanda a la que hace frente una vivienda unifamiliar es mayor en términos de calefacción y ocupación, derivadas de una mayor superficie que prima las fuentes energéticas instantáneas basadas en combustibles.

Los derivados del petróleo y el gas natural son las fuentes energéticas que mayormente cubren la demanda de energía térmica, dejando el resto a cargo de la electricidad. Dada la predilección actual por el consumo de gas natural para usos térmicos y su amplia implantación en la ciudad, el consumo medio de gas natural de los hogares es un indicador fiable a la hora de comparar con otros consumos no tan extendidos e independientemente del rango de estudio. Las condiciones actuales propician que, para el calentamiento de agua o aire en viviendas, sea más eficiente el empleo directo de combustibles, ya que la generación de electricidad se obtiene en un porcentaje debido también a la combustión fósil y sería poco eficiente. A su vez, en el transporte y distribución de la electricidad existe un porcentaje de pérdidas que el uso directo e instantáneo de combustibles en las viviendas consigue ahorrarse.

Por norma general, el consumo medio de las viviendas unifamiliares es aproximadamente el doble de las viviendas en bloque (IDAE, 2011), pero también son las menos extendidas por el municipio de Madrid (aproximadamente un cuarto del total de inmuebles de la ciudad (Madrid, Censo de edificios y viviendas, 2011)). De estos valores medios se puede sacar una rápida conclusión de hacia dónde focalizar el estudio de mejoras tanto tecnológicas como sociales en el ámbito residencial. Los resultados presentan una fiabilidad estadística extrapolable al resto de la población según su tipología de vivienda y sus usos semejantes a los definidos para el municipio de Madrid.

La tipología del edificio queda demostrada como un claro factor diferencial en los consumos energéticos totales del sector RCI, concentrándose la mayor parte en las viviendas en bloque, hecho que también responde a un mayor número de hogares de estas características. Mientras que las viviendas en bloque se reparten el consumo entre combustibles y electricidad, las viviendas unifamiliares permiten promover una mayor implantación de las energías renovables como consecuencia del mayor potencial de la energía solar, eólica y biomasa agrícola y forestal.

Las emisiones de los distintos GEI (directas e indirectas) se reparten de manera más o menos uniforme entre los servicios. El CO_2 es el gas más abundante en todas las emisiones, aparte de ser el único computable por las emisiones indirectas. El orden de magnitud tan elevado en comparación con los otros GEI pone de manifiesto la necesidad de la descarbonización del sector, donde más del 98% del total de las emisiones se hacen directamente en forma de dióxido de carbono.

Capítulo 3

REVISIÓN TECNOLÓGICA

Estado tecnológico actual Grupo SNAP 02

Una vez estudiadas las emisiones contaminantes y de efecto invernadero producidas por el sector residencial, comercial e institucional se procede a conocer mediante qué tipo de tecnología se han producido. Dicha tecnología engloba todo artefacto ingenieril utilizado en el ámbito residencial que emita GEI (tanto de forma directa como indirecta) como las calderas de calefacción o los electrodomésticos y en el sector servicios que, a priori, emplea sistemas en muchas ocasiones similares a los ya utilizados en el hogar pero a mayor escala.

Listado de tecnologías por servicios

El sector RCI juega un papel clave en el contexto energético actual y futuro tanto a nivel local como nacional. Todas las actividades que se puedan desarrollar en edificios y deriven en una emisión de GEI están enfocadas a cumplir con el bienestar de las personas. Las necesidades energéticas de las viviendas abarcan el 17% del consumo final total y hasta el 25% de la demanda eléctrica a nivel nacional (Madrid, Inventario de emisiones de Efecto Invernadero del municipio de Madrid 2016, 2018b). Con el tiempo, el número de hogares y establecimientos se incrementa y el confort y equipamiento de los mismos también debe aumentar, propiciando que la representatividad tanto del sector residencial como del comercial e institucional en la demanda energética se amplíe.

Como se ha comentado anteriormente, se han establecido una serie de servicios a la hora de segmentar el uso que se da a la energía: calefacción, refrigeración, agua caliente sanitaria, cocina, iluminación y electrodomésticos. Este último grupo engloba todo el equipamiento de alimentación, limpieza y entretenimiento.

A continuación, se realiza un primer barrido tecnológico del mercado para conocer las diferentes tecnologías empleadas en el sector RCI dividiéndolas por el servicio al que se destinan. De cada una de ellas se explica principalmente en qué se basa esa tecnología para realizar su servicio, su principio de funcionamiento según el tipo de combustible que emplee, los distintos modelos y sus ventajas e inconvenientes más significativos. El énfasis se centra en estimar un rendimiento asumible a cada tecnología que permita después el estudio de su potencial de mejora frente a la situación actual. En función de en qué bloque de servicios se encuentre cada sistema tecnológico se le puede atribuir un factor de emisión implícito medio.

CALEFACCIÓN

En la tecnología a considerar en el control de la temperatura tiene la mayor relevancia la calefacción. En una ciudad con un clima frío en invierno supone un consumo energético de entre el 60-70%, que comparado con un clima templado supera en un 50-80% el gasto energético. Este factor dota de gran relevancia al estudio del consumo y las actuaciones a realizar relativas a la mejora de sostenibilidad urbana de las viviendas en Madrid. Existen numerosos factores que condicionan la forma en la que se intercambia calor entre los edificios y el ambiente exterior. En función de la localización, tamaño, envolvente del edificio, orientación o número de personas, el consumo de energía variará. A la hora del dimensionamiento en calefacción, éste solo se realiza para cubrir la demanda energética al menos en un 50%, pues de otra manera se encarecería demasiado el gasto en calefacción. Este primer porcentaje de calefacción primaria necesitará de sistemas auxiliares que permitan llegar a cubrir hasta el 100% de la demanda energética requerida, de ahí la importancia de todo tipo de equipos.

Según el Reglamento de Instalaciones Térmicas en los Edificios (RITE[27]) se establecen las condiciones ambientales interiores de temperatura operativa y humedad relativa para asegurar el bienestar en el desarrollo de las actividades. Todas las tecnologías que se empleen para calefacción de edificios deben ir destinadas a obtener unos valores de:

- Invierno: 21-23°C y 40-50% humedad relativa

Las viviendas unifamiliares emplean en mayor media este servicio, mientras que las de bloque se dotan mayoritariamente con sistemas de calefacción de calderas convencionales e individuales. Los grandes edificios del sector servicios necesitan de grandes aportes de energía calorífica por lo que se prima el consumo de combustibles fósiles actualmente por su elevado rendimiento. Los equipos mayormente utilizados son la caldera convencional de gas natural y los equipos eléctricos, aunque éstos últimos con menores rendimientos. Dentro de la calefacción no solo son importantes los equipos tecnológicos encargados de la producción de calor, sino también los cerramientos y envolventes encargados de disminuir las pérdidas al máximo y mantener el confort interior.

o **Caldera convencional**

La caldera de gas natural convencional es el equipo más ampliamente instaurado en los edificios en los cuales se transmite el calor por contacto al ambiente mediante un circuito de agua cerrado. El combustible empleado, principalmente, es el gas natural aunque existen de propano, gasóleo y butano, transmite calor al circuito de agua al quemarse, distribuyéndolo con radiadores o suelo radiante. La forma más eficiente de distribución del calor producido es el suelo radiante por su mayor homogeneidad al repartir un sistema de tuberías de circulación del agua caliente por debajo del suelo. El equipo

---

[27] https://www.boe.es/buscar/doc.php?id=BOE-A-2007-15820 Real Decreto 1027/2007, de 20 de julio, por el que se aprueba el Reglamento de Instalaciones Térmicas en los Edificios.

como tal se compone del cuerpo de la caldera y del quemador donde se produce la combustión y la transmisión de calor al fluido portador.

Existen diversos diseños en función de las necesidades a cubrir, pero en cuanto a rendimiento, potencia y eficiencia energética se sitúan a la cabeza del servicio de calefacción primario. Además, en su legislación aplicable con la Directiva Europea 92/42 CEE, se clasifican las calderas según la temperatura mínima de retorno con la que trabajan y su rendimiento.

Dentro de las calderas convencionales de gas natural se pueden dividir en otros tipos:

-Caldera de gas estancas: la cámara de combustión de oxígeno está sellada aumentando así la seguridad ya que evitan el contacto del aire interior con los gases combustionados. Debido a este sistema tienen una tubería de absorción de aire exterior y otra de expulsión de los gases contaminantes. Es el sistema más instalados actualmente.

-Caldera de gas de bajos óxidos de nitrógeno (NOx): también son estancas, aunque con un diseño diferente en el sistema de combustión que reduce el índice de emisión de los NOx. El quemador se refrigera con el circuito de agua reduciendo así la temperatura de los gases expulsados y su poder contaminante.

-Caldera de gas atmosféricas: La cámara de combustión está abierta al aire ambiente, haciendo que la eficiencia sea menor. Estos equipos ya no se instalan en Europa por su mayor nivel de contaminación, así como su mayor riesgo para los usuarios.

Figura 25. Interior caldera de gas natural. [Fuente: https://ovacen.com/calderas-de-gas/]

Las ventajas de las calderas de gas, aparte de los altos rendimientos y eficiencias (~90%), son la compatibilidad que ofrece con el Agua Caliente Sanitaria (ACS) o con paneles solares y su gran durabilidad, en torno a los 20 años. Es la opción más instaurada en viviendas por su independencia y dimensiones, sobre todo la de tipo individual.

Respecto a sus desventajas la principal es el consumo de combustibles fósiles como el gas natural, que genera elevadas temperaturas y sin refrigeración posterior. En cuanto al uso, parece inevitable que los tiempos de reacción entre el encendido y la distribución de calor se reduzcan en su totalidad. Además, conllevan un mantenimiento periódico como comprobar las emisiones, los quemadores, la presión y temperatura del combustible, las tuberías de los radiadores con sus correspondientes purgas, etc.

o **Caldera de condensación**

Este tipo de calderas produce calor con mayor rendimiento (~100%) y menores emisiones de CO_2 que las de tipo convencional. Emplean gas natural o GLP para calentar agua caliente a baja temperatura (40-60°C) reaprovechando el calor desprendido por el vapor de los gases de combustión. Se llegan a obtener hasta 2.260 kJ de energía latente por cada kilogramo de agua condensada en la recirculación, mientras que este calor se pierde en las calderas convencionales. Los combustibles líquidos empleados comúnmente en las calderas convencionales poseen impurezas, como el azufre, que junto con oxígeno forman óxidos de azufre que a su vez pueden combinarse con el agua líquida dando ácidos sulfuroso o sulfúrico corrosivos para las tuberías. La ventaja de usar gas natural, con menor contenido en impurezas y azufre, unido a calentar el agua a máximo 70°C y evacuar los gases por debajo de la temperatura de condensación del agua (100°C), permite evitar esta corrosión. En contraposición, como se reduce la temperatura de los gases de combustión de salida se hace necesario el uso de ventiladores de extracción, mientras que en las convencionales existe tiro térmico natural para su evacuación.

En la actualidad, por normativa europea, solo se permite la instalación de nuevas calderas de condensación estancas en domicilios. Se consideran las más eficientes y las de menor impacto ambiental pese a usar también combustibles fósiles, ya que la reducción de la temperatura de los gases de salida elimina muchos contaminantes incluso hasta un 70%. Es habitual observar que los rendimientos de estos equipos sean superiores al 100% ya que reaprovechan el calor derivado de la condensación del vapor de agua.

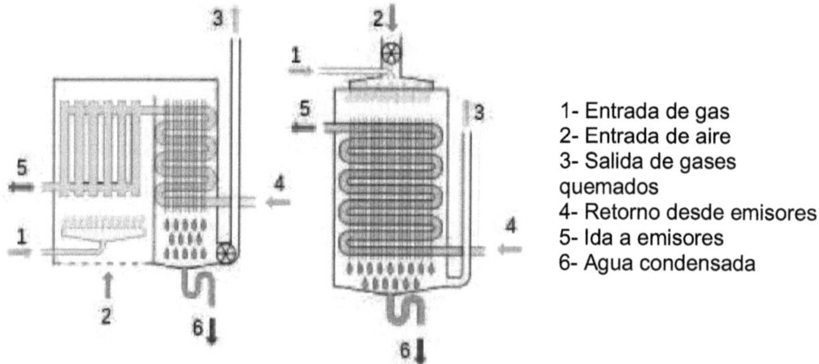

Figura 26. Esquema de funcionamiento de calderas de condensación [Fuente: https://commons.wikimedia.org/wiki/File:Kondenzációs_kazán.svg]

El uso de calderas de condensación se está extendiendo y resulta válido para cualquier tipo de edificio. Otra ventaja es el reducido mantenimiento que necesitan. Consiguen un ahorro energético sustancial a la vez que de emisiones contaminantes. Permite combinar su uso también para agua caliente sanitaria.

Dentro de las desventajas se puede mencionar el uso de combustibles fósiles que, por mucho que se reduzca su consumo con este equipo, no deja de ser perjudicial.

o ***Bomba de calor reversible***

Este dispositivo cuenta con el mayor potencial de desarrollo en cuanto a los sistemas de transferencia de calor, ya sea para calefacción o refrigeración del ambiente. Su denominación se debe a que es capaz de transferir calor desde un fluido refrigerante a baja temperatura hasta otro a mayor temperatura, normalmente agua o aire. Este traslado de calor en sentido inverso al natural se realiza en un circuito cerrado formado por un evaporador, un compresor, un condensador y una válvula de expansión. El fluido refrigerante en circulación sufre las transformaciones acordes al equipo por el que pase: evaporación al absorber calor, compresión a altas presiones, condensación al desprenderse del calor y expansión a su paso por la válvula para enfriarse. En los equipos reversibles se puede revertir el sentido del flujo de calor y producir también frío. Funciona del mismo modo que los frigoríficos, aprovechando la compresión del vapor, usando el mismo refrigerante y las mismas etapas.

Por el tipo de instalación existen modelos fijos o portátiles, siendo claramente más eficientes los fijos por su mejor funcionamiento. Las unidades interiores se asemejan mucho a los equipos ya existentes de climatización habituales (radiadores) y no requieren un montaje muy diferente. El método de difusión se puede hacer por la pared o por el suelo, con conductos ocultos por los que circula el fluido portador de calor. El equipo funciona mediante electricidad para hacer funcionar los componentes internos de transmisión de calor.

El sistema que permite la reversibilidad del equipo entre el verano y el invierno es una válvula eléctrica inversora de 4 vías. Se intercala en el circuito frigorífico y funciona de conmutador del flujo de circulación del fluido refrigerante, trasponiendo las funciones del evaporador y el condensador según corresponda.

Como tal, las bombas de calor no generan energía, solo la transfieren de una región fría a otra caliente. Este proceso tiene una eficiencia por encima del 100% y para cuantificarlo se emplea el Coeficiente de Operatividad o rendimiento COP que es el cociente entre el calor o frío proporcionado por el equipo y el consumo de electricidad. En el caso de las reversibles existe un COP según desempeñen la función calefactora o refrigeradora:

$$CoP_{verano} = \frac{Q_1}{Q_2 - Q_1} = \frac{T_1}{T_2 - T_1} = \frac{1}{\frac{T_2}{T_1} - 1} \qquad CoP_{invierno} = \frac{Q_2}{Q_2 - Q_1} = \frac{T_2}{T_2 - T_1} = \frac{1}{1 - \frac{T_1}{T_2}}$$

Siendo el subíndice 1 correspondiente al foco frío y el 2 al foco caliente. Este rendimiento teórico dado por su funcionamiento como una máquina de Carnot no es el real, pues en la práctica alcanza solo un 15% del COP teórico y, aun así, obtiene unos rendimientos altísimos (entre 200-400%). Según el tipo de refrigerante que se emplee éste tiene un diagrama P-h asociado donde trazar los 4 ciclos del proceso y estimar su COP correspondiente.

Uno de los focos siempre va a ser el interior de la sala a climatizar, el otro foco, considerado en calefacción la fuente fría, puede ser el aire exterior, un embalse de agua o el propio terreno. De este modo se pueden definir distintos equipos:

- Aire-Aire: ambos focos son aire, uno del exterior y otro interno, por lo que son los más comunes dada su disponibilidad continua.

- Aire-Agua: en este caso el calor del aire exterior se cede a un circuito de agua interno instalado para calefactar suelo radiante.

- Agua-Aire: al revés que el anterior el foco externo es una corriente de agua que cede calor al aire interior del recinto.

- Agua-Agua: la corriente de agua externa cede calor al agua circulante por la instalación interna. El rendimiento de las instalaciones que toman calor del agua exterior es mayor que las de aire.

- Tierra-Aire/Tierra-Agua: el principio es el mismo que las de agua, solo que actúa de fluido auxiliar para absorber el calor del terreno que se mantiene siempre a temperatura constante.

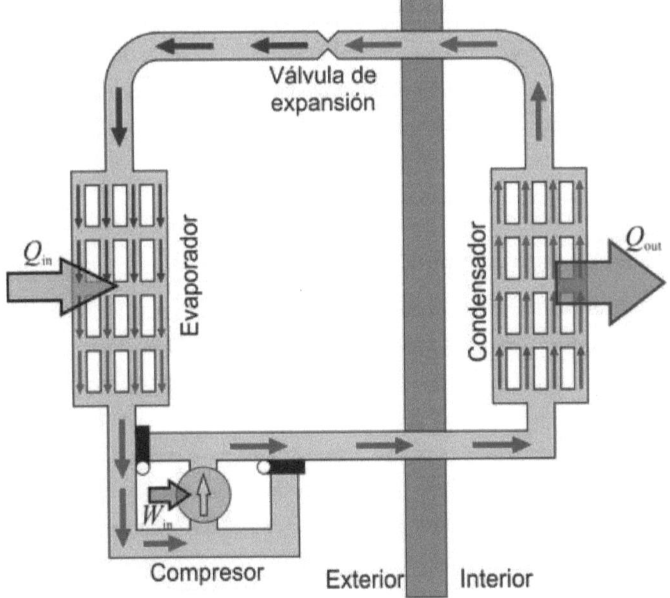

Figura 27. Diagrama de flujo de una bomba de calor reversible en ciclo de calefacción
[Fuente: http://laplace.us.es/wiki/index.php/Refrigeradores_y_bombas_de_calor_(GIE)]

Una de las ventajas que presentan los sistemas de transmisión por aire es la menor instalación que requieren, pues no se necesita más que sistemas split o multi-split como difusores internos del calor a través del falso techo principalmente.

La reversibilidad del equipo supone una ventaja de ahorro de instalación, pero también un aumento del mantenimiento, pues la misma bomba de calor se emplea durante más horas de funcionamiento por su dualidad. Además, la gama de refrigerantes se reduce ya que deben cubrir un rango de temperaturas mayor. Una diferencia con el dimensionamiento de equipos dedicados solamente a una función es la unidad exterior, ya que requiere de una mayor superficie capaz de adaptarse a los cambios de temperatura de cada estación. Los que equipos que necesiten de un foco exterior de agua o terreno subterráneo deben tener una localización determinada y esto condiciona su desarrollo.

o *Bomba de calor No reversible*

La posibilidad de la dualidad para calefactar y enfriar el ambiente de la bomba de calor reversible no es siempre una ventaja para ambientes que no precisan ambos por la climatología del lugar. Los sistemas que solo permiten uno de los dos tienen unos rendimientos muy similares (~200%) y precios más asequibles, aparte de necesitar menos mantenimiento por su funcionamiento estacional.

o *Radiador/Convector/Acumulador Eléctrico*

En la calefacción mediante uso exclusivo de electricidad estos equipos se encuentran a la cabeza del sector. Consisten básicamente en una resistencia eléctrica interna que calienta el aire frío más pesado que entra por la parte inferior del equipo para calentarlo y lo disemina por la parte superior para que ascienda por convección. El punto fuerte es que ofrece calor instantáneo y regulable. Como incentivo, se tratan de sistemas que no requieren de instalación extra como otros medios de calefacción y su tamaño es menor. Como tal, estos sistemas eléctricos de calefacción no cumplen las necesidades totales de calefacción primaria y son considerados más bien un complemento.

Los diversos modelos dependen de las necesidades del usuario. Por lo general, los radiadores eléctricos tardan más en calentarse pero mantienen más tiempo la temperatura. Los acumuladores o emisores térmicos son capaces de almacenar una cierta cantidad de energía para usarla posteriormente cuando se requiera, haciéndolos más adecuados para necesidades mayores de calefacción. Éstos poseen un núcleo de placas refractarias debidamente aisladas donde se conserva el calor y no sobrecalientan el exterior del aparato. Funcionan por ciclos, cargándose y generando calor cuando están conectados y descargando el calor al estar desenchufados. El convector resulta más apto para pequeñas estancias o casos puntuales de calefacción ya que no difunde tan bien el calor como los otros. Algunos necesitan de ventiladores para difundir el aire caliente con mayor efectividad.

Para hacer más eficiente la transferencia de calor existen modelos como el radiador de aceite eléctrico cuya resistencia eléctrica calienta un aceite especial que circula por su interior. De este modo se consigue mayor eficiencia (~40%) en la calefacción aunque mayores consumos que con un simple radiador eléctrico. Otro caso es el radiador de mica o cuarzo que posee tubos de cuarzo como resistencias eléctricas, provocando un flujo de calor más rápido.

Figura 28. Imagen de radiador eléctrico para calefacción. [Fuente: https://ibericadelcalor.es/radiadores-electricos/]

Las ventajas de los radiadores eléctricos de calefacción se basan en su sencillez. Su instalación es sencilla y su comodidad de uso también. Al ser equipos baratos son más atractivos para el usuario, aunque en cuanto a inversión finalmente no resulten tan beneficiosos. No emiten gases más allá de los producidos por el mix eléctrico de manera indirecta. Al ser equipos eléctricos poseen reguladores o termostatos de temperatura para un mayor bienestar. Si se carece de calefacción central primaria, estos equipos eléctricos son adecuados para viviendas pequeñas y poco habitadas normalmente.

En cuanto a las desventajas se podría mencionar el consumo eléctrico que tienen, pues son equipos poco eficientes en la transformación de calor. Su potencia (450-1200W) los hace insuficientes para cubrir las necesidades térmicas de grandes espacios. La circulación de aire por convección que se crea puede provocar deposiciones de polvo y sequedad del ambiente.

○ *Calefactor/Radiador portátil eléctrico*

Dentro de los equipos de calefacción eléctrica, los sistemas portátiles cuentan con gran fama por su practicidad y coste. Emiten calor de manera instantánea y permiten mantenerlo en el entorno cercano del aparato. No cuentan con la misma potencia que los sistemas eléctricos fijos pero la libertad de movimiento permite suplirlo. Los calefactores necesitan de un ventilador para la circulación del aire calentado por la resistencia eléctrica.

La ausencia de instalación es su punto fuerte, así como su elevado rendimiento (61%) para transformar electricidad en calor. Al final son equipos muy económicos y realizan su función de manera efectiva e instantánea. Predilectos para espacios pequeños de viviendas y que no dispongan de instalación de calefacción. No generan residuos ni contaminación directa. Fáciles en el mantenimiento y la limpieza.

Las desventajas principales hacen que sea un sistema de calefacción secundario instaurado solamente en pequeños espacios de potencia inabarcable para grandes superficies. La existencia de ventiladores que impulsan el calor los hace ruidosos, hecho que también implica un mayor consumo. El calor que ofrecen es instantáneo y ligado solo durante el funcionamiento.

○ ***Calefactor/Radiador Portátil No eléctrico***

Comúnmente se conocen como estufas a los equipos auxiliares de calefacción no eléctrica. Emplean combustibles fósiles como el gasóleo o propano aprovechando el poder calorífico obtenido de su combustión. Los últimos equipos cuentan incluso con quemador eléctrico para producir la chispa de ignición con mayor seguridad, pero los modelos pueden ser más básicos y emplear combustibles más rudimentarios como biomasa o carbón. Ofrecen calor de forma rápida y barata además de poder ubicar el foco de calor donde se necesite sin instalación. Las más habituales son las de llama azul, de mayor potencia y consumo, y las catalíticas, más económicas y seguras al no tener llama directa. Es usual ver este tipo de sistemas de calefacción en terrazas al aire libre.

La ventaja principal se centra en el alto poder calorífico del equipo, cubriendo las necesidades energéticas en poco tiempo (η~75%). La evolución tecnológica ha permitido que existan estufas con regulación de potencia y mayores medidas de seguridad. Son capaces de calefactar grandes espacios incluso con su tamaño reducido, que a su vez ayuda a su transporte en diferentes habitáculos. De hecho, se desaconseja su uso en estancias pequeñas.

La desventaja más clara es el uso de combustibles fósiles contaminantes. Además, al producirse estos gases contaminantes sin una instalación previa, el riesgo de intoxicaciones y fugas es mayor. El mantenimiento requerido no puede cumplirlo siempre el propio usuario y existe dependencia del consumo de gas. Es difícil dimensionar de manera óptima un equipo de este tipo para diferentes espacios, por lo que siempre habrá unas pérdidas energéticas asociadas a su uso. Resecan mucho el ambiente y no es recomendable emplearlas mucho tiempo continuado. El propio equipo se recalienta y puede provocar quemaduras por contacto o incluso incendios fortuitos.

○ **_Paneles solares_**

Las energías renovables deben ir ganando peso con el tiempo y jugar un papel fundamental en la evolución tecnológica. En el caso de los paneles solares parece natural emplearlos en la calefacción de interiores aprovechándose de la radiación solar. Además, la ubicación de Madrid y de España en general al sur de Europa dota del mayor número de horas de luz solar diarias del continente (~8 horas/día).

La calefacción solar consiste en la disposición de paneles colectores debidamente orientados para captar la mayor cantidad de radiación solar posible. Esta radiación térmica se convierte en energía eléctrica en los convectores solares para después utilizarla en diversos equipos eléctricos de calefacción como radiadores, convectores o calefactores. Se fundamentan en el efecto fotoeléctrico, obteniendo electricidad en corriente continua de la radiación solar que impacta sobre los paneles. Esa corriente continua se almacena en baterías o se transforma en corriente alterna mediante un conversor para suministrarlo al cuadro eléctrico del edificio.

Si se emplea un panel colector, existe un líquido especial que recorre las placas absorbiendo la radiación y conduciendo el calor hasta un acumulador, pues debe permitir dar suministro energético de noche o en días sin sol. Ahí se produce la trasferencia de calor al agua del circuito interior hasta los equipos difusores de calor de la instalación térmica, como son radiadores o suelo radiante. Si el agua no alcanza la temperatura indicada, el sistema activa el equipo eléctrico auxiliar para compensar el déficit. Las partes de las que consta una instalación térmica solar son: captadores solares, circuitos primario y secundario de fluidos, intercambiador de calor en forma de serpentín, acumulador, vaso de expansión y entramado de tuberías. Normalmente se necesita de aporte eléctrico para hacer funcionar las bombas de impulsión y el cuadro de control. No obstante, existe la posibilidad de emplear termosifones que mueven los fluidos por las diferencias de densidad debidas a los cambios de temperatura.

La gran ventaja práctica que ofrecen las placas solares es la posibilidad de combinación con otros equipos de calefacción más eficientes, como son la bomba de calor o la caldera de gas. No solo da suministro de calefacción primaria, sino que como sistema auxiliar de apoyo permite reducir costes. Como ventaja implícita de esta fuente de energía está su carácter renovable e inagotable del sol. Requiere de instalación pero en zonas más aisladas es una buena opción por la ubicuidad del sol. Ofrece la posibilidad del autoconsumo sin necesidad de factura eléctrica.

Por el lado opuesto está su todavía mejorable rendimiento (<40%) y su dependencia del impacto de radiación solar que no es continuado. Las inversiones iniciales son mayores que en otros sistemas y se suele necesitar de un equipo auxiliar para hacer frente a toda la demanda energética. Algunas políticas con impuestos al uso de energía solar tampoco ayudan a su desarrollo.

o ***Geotérmica***

La energía geotérmica se puede resumir en la energía del calor de la tierra, considerada energía renovable. Su fundamento consiste en aprovechar los depósitos subterráneos de magma, vapor o agua caliente para generar energía ya sea como calor o como electricidad. También es posible obtener energía del calor del propio suelo sin otro medio de contacto fluido. Para la climatización, sus requerimientos son algo menores y se aprovecha de la inercia térmica del subsuelo por el cual la temperatura permanece más o menos constante en un valor (10-16°C) a pocos metros de profundidad (>5 metros) mientras que la de la superficie varía estacionalmente. Más allá de los 20 metros de profundidad ya cambia el gradiente geotérmico y la temperatura vuelve a aumentar a medida que se profundiza. Lo más interesante es que se puede usar independientemente de las condiciones climáticas y la época del año.

El funcionamiento de aprovechamiento del calor subterráneo es similar al de otros equipos que transfieren calor. Un fluido refrigerante, contenido en un circuito debidamente enterrado en el terreno, absorbe el calor y lo transporta a un compresor eléctrico. En él se aumenta la presión transmitiendo más calor en menos ciclos dado el gradiente térmico más homogéneo de la geotermia. Se distribuye ese calor por la instalación térmica del edificio calefactando el ambiente interior por convección. Al ceder el calor se va enfriando y vuelve a recircularse hasta el subsuelo repitiendo el ciclo. El funcionamiento es equiparable al de las bombas de calor y, de hecho, muchas instalaciones de este estilo las utilizan, por lo que también puede ser apta la energía geotérmica para refrigeración.

　　　　　ÓSCAR PÉREZ HUERTAS

		Rango de Temperaturas en Terreno	Utilización
MUY BAJA ENTALPÍA	Subsuelo (con y sin agua)	5ºC < T < 25ºC	Calefacción, ACS, Climatización
	Aguas Subterráneas	20ºC < T < 22ºC	
BAJA ENTALPÍA	Aguas Termales	22ºC < T < 50ºC	Balnearios, Acuicultura
	Zonas Volcánicas	T<100ºC	District Heating
	Almacenes Sedimentarios Profundos		
MEDIA ENTALPÍA		100ºC < T < 150ºC	Generación Eléctrica Ciclos Binarios
ALTA ENTALPÍA		[illegible]	[illegible]

Figura 29. Clasificación usos geotermia en función de la entalpía y la temperatura del terreno
[Fuente: https://instalacionesyeficienciaenergetica.com/calefaccion-por-geotermia/]

Diferenciando según el nivel de entalpía se puede operar simplemente con una bomba de agua en los equipos de baja entalpía o con una bomba de calor en los equipos de alta entalpía. En el primer caso el consumo es mínimo, pero de potencia insuficiente en algunos casos que requiere de equipos auxiliares. Con la bomba de calor en geotermia la única diferencia es el foco exterior del circuito, pues en lugar de ser el aire o una reserva de agua es el propio terreno.

El sistema diferencial en esta tecnología son los mecanismos de captación subterráneos. En función de la disponibilidad de terreno y el tipo de edificio al que se necesite cubrir la demanda existen diferentes tipos de captadores: colectores horizontales enterrados de polietileno, sondas geotérmicas verticales con pozos, captación geotérmica vertical con sondas en pilotes, captación geotérmica en lagos o ríos y sistema abierto con captación geotérmica subterránea.

Figura 30. Esquema de colectores horizontales para captación de energía geotérmica
[Fuente: https://energiasolarhoy.com/calefaccion-geotermica/]

Todas las fuentes de energía renovables cuentan con la gran ventaja de ser limpias y respetuosas con el medio ambiente. Además, pese a su escaso conocimiento e implantación, es una de las más eficientes por su producción continua ($\eta\sim75\%$). Permite una gran versatilidad de equipos para su difusión térmica y puede emplearse en más sectores aparte de la calefacción. Su durabilidad es elevada comparada con otros sistemas y apenas requiere mantenimiento.

Los inconvenientes ligados a este tipo de energía son más logísticos que tecnológicos. La instalación requerida no es sencilla y el terreno debe ser adecuado para lograr un efecto de calentamiento deseado por lo que se requieren estudios geotécnicos muchas veces. Las propiedades del suelo, su extensión y su composición afectan al rendimiento de la transferencia de calor. Las inversiones iniciales son costosas y muchas veces no permite reacondicionamientos, por lo que la amortización es larga.

○ *Cogeneración*

La aplicación de la cogeneración a pequeña escala es un sistema ampliamente instaurado y rentable por el mero hecho de permitir la obtención de electricidad y energía térmica simultáneamente y en el mismo equipo. El combustible empleado es el gas natural, generando altos rendimientos ($\sim98\%$) y ahorros de consumo. De la combustión del gas natural se obtiene el suficiente calor para aprovecharlo directamente en calefacción (u otros servicios) y un calor residual aprovechable para la generación de electricidad. Se necesitan de equipos capaces de acumular calor de manera central y

ÓSCAR PÉREZ HUERTAS

de baterías para almacenar la electricidad producida si no se devuelve a la red. De este modo se reducen las pérdidas eléctricas por la generación distribuida y las térmicas por generarse en el mismo lugar de aplicación y reducir el calor residual disipado.

El principal nicho de aplicación son los edificios de grandes dimensiones y por tanto de mayores requerimientos energéticos, ya sean residenciales o de servicios. Son equipos sin un coste elevado y de instalación sencilla compacta. En las calderas de combustión normal, los gases son expulsados a altas temperaturas mientras que en la cogeneración se aprovecha para enfriarlos y recuperar parte del calor residual en otros procesos.

A gran escala la cogeneración se emplea para obtener energía eléctrica. En estos usos de micro-cogeneración hay varios tipos de sistemas:

➢ Con motor de combustión interna: este dispositivo transforma la energía química del combustible en térmica aprovechando los gases de salida y en eléctrica por el movimiento del alternador. Adecuada para edificios con calefacción central y grandes demandas.

➢ Con motor Stirling: es un tipo de motor de combustión externa y de tamaño más reducido. Al quemar gas natural se calienta el helio interior del motor en una cavidad sellada. Las contracciones y dilataciones que se provocan en este gas permiten el movimiento de un pistón conectado a un imán que producen electricidad al moverse. De aspecto muy similar a las calderas murales típicas es adecuado para viviendas unifamiliares y autoconsumo.

➢ Con microturbina: funciona igual que un motor de combustión interna. El alternador produce electricidad y los gases de escape proporcionan la energía térmica necesaria. Tienen un nivel de emisiones menor y de tamaño más ergonómico. Por su funcionamiento más continuado se aplican mayormente en el sector servicios.

➢ Con pilas de combustible: los equipos anteriores emplean energía mecánica como principio de acción, mientras que las pilas de combustible se basan en la electrólisis inversa del gas natural o de hidrógeno si hubiera disponibilidad. El proceso químico llevado a cabo en celdas catódicas y anódicas permite obtener corriente continua y agua caliente como producto. Se eliminan las partes móviles y se aumentan rendimientos. Tienen la dificultad de implantación y mantenimiento del electrolito.

La ventaja de la cogeneración radica en su elevado rendimiento (98%) y potencia, así como la posibilidad de obtener dos tipos de energía en el mismo equipo. Se consigue de este modo reducir la contaminación y costes tecnológicos. Tiene un mantenimiento sencillo y su tamaño se adapta a las condiciones sin ser demasiado grande. Posibilidad de autoconsumo.

En contraposición sigue estando el uso de combustibles fósiles contaminantes que generan emisiones nocivas. No todos los edificios son adecuados para este tipo de tecnología por lo que su uso se justifica en grandes espacios con altas demandas energéticas. Para que sea rentable es necesaria esta alta demanda para que al producir electricidad y se genere calor, éste no se desaproveche inútilmente.

Agua caliente sanitaria (ACS)

Este servicio se encuentra presente en la práctica totalidad de los hogares, con predominio de sistemas individuales frente a los colectivos o multiequipamiento. El equipo más instaurado es la caldera individual que emplea fuentes energéticas como el gas natural, el butano y la electricidad. La utilización del agua caliente sanitaria se centra principalmente en higiene personal y limpieza de utensilios.

La contabilización de consumos en ACS se resume a contadores de volumen y/o caudal de agua utilizado. Lo más normal es que cada instalación disponga de su propio contador facilitando la cuantificación del consumo individualizado. Sin embargo, existen unas pérdidas de calor asociadas a la recirculación del fluido independientes del consumo pero continuas en el tiempo. Las pérdidas de calor se traducen en un mayor consumo energético y de tipo fijo, pues ya de antemano se sabe que una cierta parte de la energía primaria utilizada va destinada a cubrir estas pérdidas derivadas de la instalación.

El intercambio de calor al agua caliente del circuito secundario se realiza normalmente mediante un serpentín de tubos lisos o con aletas que permiten a su vez el acoplamiento con cualquier otro sistema de aporte calorífico. El material más adecuado es el acero

ÓSCAR PÉREZ HUERTAS

inoxidable al cromo-níquel-molibdeno por su demostrada resistencia a la corrosión y con calidad de seguridad alimentaria. El producto más sencillo que forma parte de la mayoría de instalaciones de ACS es el acumulador de agua caliente. Almacena y retiene en su interior el calor que contiene el agua, ya sea con electricidad o mediante ciclos de carga (por la noche) y descarga (por el día). Con estos depósitos se permite gestionar la demanda de ACS de manera más eficiente, evitando encendidos continuos de los equipos de producción de calor siempre que se requiera.

Las necesidades que cubre el servicio de ACS son básicas para el usuario y con una demanda mucho más sensible. Satisfacerlas requiere disponer de agua caliente durante todo el año y dar soporte en los periodos pico de la instalación con una incertidumbre a tener en cuenta. Tanto en el sector residencial como en el sector servicios se demanda de este equipamiento con el mayor confort posible. El dimensionamiento base de los equipos de ACS en residencias se efectúa en función del número de dormitorios de la vivienda, pero para el sector servicios estos cálculos se desvirtúan.

En el proyecto de borrador del futuro Código Técnico de la Edificación[28] se exige que la demanda energética anual del servicio de ACS se cubra con un 70% de energías de origen renovable (contempladas en la Directiva 31/2010/UE), en función de la zona climática y el valor porcentual renovable fijo independientemente del consumo. En el apartado 4.1 de la sección HE4 se explica el dimensionamiento energético de referencia para el ACS a una temperatura de 60°C, donde se determina también el valor de la demanda en litros/día por persona.

---

[28] https://www.codigotecnico.org/images/stories/pdf/ahorroEnergia/DccHE.pdf 20 de diciembre de 2019

Tabla 18. **Valores de demanda de ACS a temperatura de referencia 60°C**
[Fuente:
https://www.codigotecnico.org/images/stories/pdf/ahorroEnergia/DccH
E.pdf]

Criterio de demanda	Litros/día·unidad	unidad
Vivienda	28	Por persona
Hospitales y clínicas	55	Por persona
Ambulatorio y centro de salud	41	Por persona
Hotel *****	69	Por persona
Hotel ****	55	Por persona
Hotel ***	41	Por persona
Hotel/hostal **	34	Por persona
Camping	21	Por persona
Hostal/pensión *	28	Por persona
Residencia	41	Por persona
Centro penitenciario	28	Por persona
Albergue	24	Por persona
Vestuarios/Duchas colectivas	21	Por persona
Escuela sin ducha	4	Por persona
Escuela con ducha	21	Por persona
Cuarteles	28	Por persona
Fábricas y talleres	21	Por persona
Oficinas	2	Por persona
Gimnasios	21	Por persona
Restaurantes	8	Por persona
Cafeterías	1	Por persona

La evolución tecnológica ligada al ACS incumbe el acoplamiento entre sistemas para dar suministro de otros servicios, como la climatización. Cada vez será más recurrente esta hibridación de servicios para alcanzar los objetivos de descarbonización en 2050. Parece extraño no concebir el mismo equipo o tecnología para hacer frente a la vez a las demandas de calefacción y ACS, pero ya solo con las diferencias de presión de trabajo de 4 bares para calefacción y de 8 bares para el ACS dificulta su implantación. Además, hay que añadir el factor de potabilidad, ya que el agua circulante por los equipos de calefacción no mantiene esta cualidad que evita que sea apta para uso sanitario personal. Estas diferentes condiciones en el uso de ambos servicios se deben a la necesidad de evitar la aparición de legionella en las tuberías y los desagües por las altas temperaturas y acumulaciones de agua. Las instalaciones de ambos servicios discurren paralelas pero sin mezclarse. Las tuberías de ACS cuentan con sistemas como acumuladores o recirculaciones para permitir el uso instantáneo de este servicio, regulando la temperatura idónea directamente en las griferías.

o **_Caldera colectiva_**

Esta tecnología no es únicamente útil para calefacción, ya que se trata de un sistema muy efectivo también para la obtención de ACS. El caso de las instalaciones colectivas es muy empleado desde hace tiempo y dan suministro a muchos edificios con grandes demandas actualmente. Con la evolución tecnológica habitual de estos equipos usados de forma masiva se han conseguido unos rendimientos muy elevados (~98%) mediante el uso de gas natural frente al uso de gas butano o propano. Por lo general, los equipos colectivos buscan dar suministro a la mayor cantidad de personas posibles y al mayor número de servicios abarcables. En el caso de una dualidad de las calderas entre calefacción y ACS, los equipos tienden a priorizar el uso del agua caliente para uso personal. Estas calderas mixtas funcionan con dos circuitos, uno cerrado para calefacción y otro abierto para ACS, comandados por una válvula de tres vías y dos posiciones que prioriza el uso de agua caliente de aseo personal.

La caldera comunitaria requiere de un espacio individualizado para su instalación, desde el cual salen los colectores que transportan el calor producido por la combustión del gas natural hasta intercambiarla con el agua de consumo. Según cómo se produzca el intercambio de calor al agua se diferencian 3 tipos de ACS: instantánea donde el dimensionamiento del intercambiador de calor se hace para la potencia instantánea máxima, por acumulación en depósitos para cubrir los picos de demanda y por semiacumulación con reservas de agua menores pero que requieren mayor potencia.

Debido al carácter de uso continuo del ACS frente al estacional de la calefacción, se requieren de mayores aislamientos y recirculaciones para mantener una eficiencia constante cuando varíen los consumos. En las instalaciones centralizadas del sector servicios se requieren mayores consumos por los periodos de pico más continuos, así como de acumuladores y aislamientos más adecuados.

Figura 31. Instalación de sistema de caldera colectiva con panel solar para ACS en edificio [Fuente: https://www.certificadosenergeticos.com/caldera-centralizada-certificado-energetico-vivienda-individual]

Se encuentran diferentes ventajas para las instalaciones colectivas que las hacen competitivas frente a equipos equivalentes en la generación de calor. Al situarse en salas separadas no ocupan un espacio habitable en las viviendas. Se aprovechan en mayor medida el consumo de combustibles por lo que se reduce el consumo energético. El mantenimiento es similar al de las calderas de tipo individual, pero el hecho de dar un servicio a varios usuarios abarata los costes. Permite y está regulado el uso de equipos renovables solares para uso colectivo.

Las desventajas se ligan más al uso de combustibles fósiles que contaminan a nivel local y que evitan su implantación y evolución tecnológica si se quiere descarbonizar el sector RCI. La instalación que se requiere tanto de caldera como de bombas no hace de este equipo una opción fácil de instalar sin obra.

o **Caldera individual**

Este tipo de calderas de uso individualizado se ha extendido mucho por la comodidad que ofrece el autocontrol tanto de calefacción como de ACS. Aumenta el confort por el uso personalizado que le pueda hacer el usuario.

El dimensionamiento de la instalación requiere de un exceso de potencia capaz de cubrir la demanda pico de agua caliente. Este sobredimensionamiento supera al de los

ÓSCAR PÉREZ HUERTAS

equipos colectivos por lo que la eficiencia en el caso individual se reduce, haciéndola una solución poco adecuada desde el punto de vista medioambiental. Las pérdidas también influyen en los rendimientos (~92%), pues los aislamientos de tuberías durante el transporte también son más eficientes en la generación central. Una mayor eficiencia se traduce en menos consumo y costes de operación posteriores.

Los equipos individuales se entienden en casos de viviendas unifamiliares o de servicios separados de otros comercios que no cuenten con acceso a ACS por la comunidad. Dentro de los equipos individuales se pueden enmarcar todos los que cubran las necesidades de ACS por usuario, ya sean empleando cualquier tipo de combustible fósil o electricidad.

Dentro de este tipo de calderas se encuentran varios tipos según la fuente de energía primaria que utilicen:

> Gas natural: las más implementadas y en las que más se están realizando obras de reacondicionamiento. Con una instalación adecuada al uso canalizado de este combustible no hay que preocuparse de alimentarla si se acaba el combustible porque lo hace continuo.

> Gasóleo: adecuadas para edificios que no cuenten con red de distribución de otro tipo de gas. Se almacena en bombonas por lo que requieren de un espacio extra. La velocidad de calentamiento es muy alta y su mantenimiento reducido.

> Electricidad: emplean resistencias eléctricas para calentar directamente el agua de la caldera. Permiten regular la potencia y son más seguras al no existir combustión ni llama que requieren de evacuación de humos. No obstante, el mix eléctrico actual y las pérdidas derivadas de distribución hacen que el coste energético para producir calor a partir de electricidad sea menos eficiente. Su uso puede necesitar de una potencia eléctrica contratada superior a las necesidades habituales.

o **_Termo eléctrico_**

Del mismo modo que los equipos eléctricos para calefacción no resultaban una opción muy eficiente, para el caso del ACS este tipo de equipos alcanzan unos rendimientos elevados (~99%) y con un alto grado de comodidad. El agua fría se acumula en un depósito en el cual un serpentín eléctrico calienta el volumen de líquido hasta la temperatura elegida.

El punto fuerte de los acumuladores eléctricos es su precio tan económico, sencillos de utilizar y mantener y más seguros que las calderas que emplean combustibles fósiles. No necesitan de instalación ni ventilación, aunque solo permiten dar servicio a los grifos colindantes (lavabo y/o ducha).

El mayor inconveniente de los termos es su falta de instantaneidad por la cual el agua puede demorar en salir caliente y su precisión a la hora de alcanzar la temperatura deseada. Estos acumuladores tienen un volumen estimado para el número de personas que van a hacer uso del equipo, por lo que cualquier exceso de consumo podría dejar sin agua caliente en ciertos momentos. El consumo eléctrico que tienen es alto, aunque con rendimientos de transferencia de calor también elevados.

Figura 32. Termo eléctrico vitrificado [Fuente: https://www.mecalia.com/producto/termo-electrico-vitrificado/]

o **Estufas**

Las estufas son comúnmente empleadas para calefacción, pero existen también modelos para ACS que se conocen como hidroestufas o termoestufas. Las fuentes de energía primaria que suelen utilizar son baratas como los pellets o la biomasa. La

ÓSCAR PÉREZ HUERTAS

combustión de estos combustibles más o menos renovables permite calentar un circuito de agua externo a la estufa donde se puede acumular el agua caliente. Se pueden asemejar al funcionamiento de las calderas (η~97%).

Este tipo de uso de la estufa está más orientado a viviendas de tipo unifamiliar y sin toma de gas natural o de potencia eléctrica contratada baja. El calor desprendido por la combustión se disipa también por la estancia en la que se instale, por lo que siempre da soporte de calefacción localizado. El interés de este acoplamiento a una instalación de tuberías es el de cubrir las necesidades de calefacción y ACS en toda la vivienda, no solo en una única estancia. Para el sector servicios no supone una tecnología viable a la hora de dar soporte al ACS. Se puede limitar el rango de uso a segundas viviendas o edificios con pocas necesidades energéticas.

La instalación hidráulica permite dar soporte a todas las estancias, aunque no de igual forma que las calderas ya que existe una demora en la transmisión del calor por el tipo de tecnología que es. Por lo general, si ya existe el sistema de tuberías para calefacción, será capaz de albergar también ACS con un aumento de potencia.

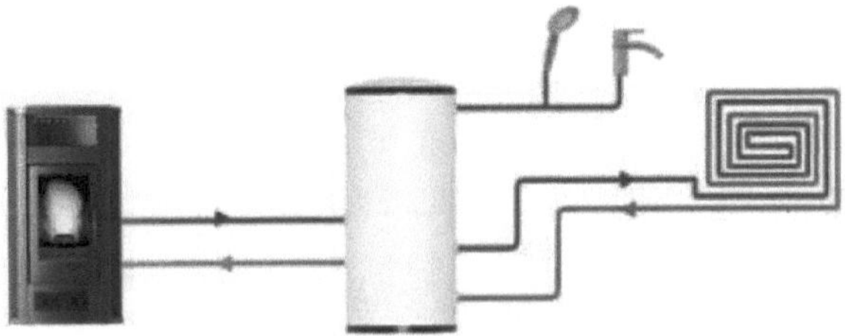

Figura 33. Esquema de funcionamiento de una termoestufa para ACS [Fuente: http://www.mallorcasolar.es/biomasa-old/]

Si los biocombustibles que se empleen provienen de residuos ecológicos se está empleando una energía renovable con la ventaja de poder disponer siempre de ella sin condicionantes climáticos. Se ahorra dado el bajo coste económico de este tipo de combustibles renovables.

Como inconveniente de las termoestufas se encuentra la seguridad, pues no deja de ser realizar procesos de combustión en ambientes cerrados y que deben estar correctamente ventilados. El mantenimiento no es cómodo pues cada vez que se acaba el combustible hay que limpiar las cenizas y reponer.

o **_Caldera de condensación_**

El funcionamiento es el mismo que para calefacción y sus altos rendimientos por encima incluso del 100% (~109%) permiten que sea una opción muy implementada. La implantación y sus ventajas son asumibles para ambos servicios y para todo el sector.

Los gases de combustión evacuados a altas temperaturas se recirculan aprovechando para calentar el agua del circuito y enfriando los gases de salida. El precalentamiento del agua cuando se emplea la calefacción permite incluso un ahorro energético en el uso del ACS por esos menores requerimientos de calentamiento.

o **_Paneles solares_**

El aprovechamiento de la radiación solar mediante instalaciones solares térmicas orientadas al sur permite generar agua caliente para los edificios y se conoce como energía termosolar. La energía calorífica se transmite a través de unos captadores al líquido interno en un intercambiador como energía térmica útil que después fluye por la instalación de tuberías hasta un acumulador o directamente a un grifo. Esta energía renovable posibilita el autoconsumo energético de la demanda de ACS. Su instalación está reconocida como obligatoria por el CTE para cubrir un cierto porcentaje del consumo de ACS en viviendas de nueva construcción o rehabilitadas, siendo estas segundas su mayor punto de instalación.

Los equipos actuales necesitan de sistemas auxiliares de apoyo para hacer frente a toda la demanda cuando las condiciones solares no sean las mejores, además de un aporte eléctrico para el uso de bombas, reguladores y sistemas hidráulicos. La combinación de equipos solares renovables junto con calderas de alta eficiencia como las de condensación es un sistema de alto potencial para instalaciones centralizadas y de altas demandas. Independientemente de la evolución del mercado tecnológico, la obtención de ACS con paneles solares térmicos en regiones como España de alto nivel de radiación debe experimentar un claro crecimiento para la consecución de la descarbonización.

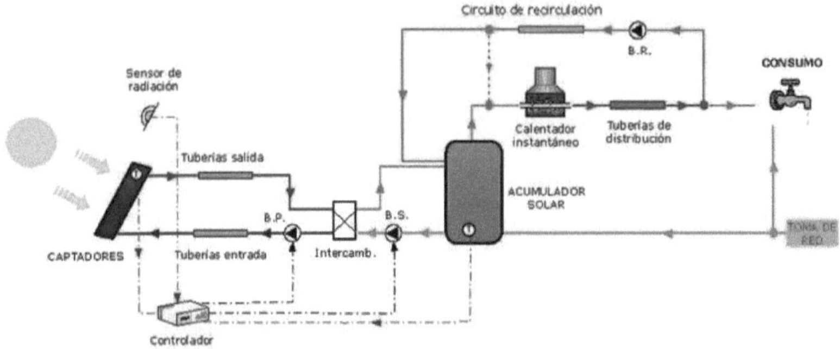

Figura 34. Instalación para ACS solar con sistemas de apoyo [Fuente: https://lafactoriadetesla.wordpress.com/2019/01/29/instalaciones-de-acs/]

Los captadores solares de este tipo con intercambiador de calor para un fluido caloportador no presentan el mismo nivel desarrollo que uno fotovoltaico destinado a la obtención directa de electricidad por aprovechamiento de la radiación solar (η~55%). De este modo, la huella de carbono generada por captadores solares para ACS es mucho menor que la de otros paneles solares, presentando una vida útil superior y con índices de averías menores. En instalaciones de paneles de gran superficie se hace necesario disponer de equipos de medida para la energía suministrada, permitiendo un control del rendimiento de la instalación solar.

La incapacidad de dar cabida a toda la demanda energética por parte de los paneles solares, ya sea para calefacción o ACS, hace que no sean la primera opción de muchos usuarios.

○ *Cogeneración*

Las consideraciones para el uso de sistemas de cogeneración son las mismas que para el caso de uso como calefacción. En estas instalaciones se puede destinar el calor producido por la combustión del gas natural al calentamiento del circuito de agua caliente sanitaria en edificios con alta demanda de energía térmica, ya sean viviendas o comercios de servicios.

Las instalaciones de ACS cuentan con un acumulador central de agua caliente alimentado directamente por la caldera de cogeneración. En situaciones de mayor necesidad de calor se genera a su vez más corriente eléctrica de la necesaria para el edificio que el sistema puede transformar en más energía calorífica mediante una resistencia eléctrica ($\eta\sim98\%$). Aquí también cobra importancia el uso de baterías o de conexiones de retorno a la red.

REFRIGERACIÓN

El acondicionamiento térmico implica unas necesidades según el periodo estacional de la región en la que se encuentre el edificio. La ciudad de Madrid posee un clima continental con influencia mediterránea que hace que tenga unos inviernos y veranos extremos y una primavera y otoño templadas. Al igual que las necesidades de calor son altas en invierno, en verano la necesidad de refrigerar el ambiente interior de viviendas y comercios son también necesarias. No se alcanzan los elevados consumos energéticos de los equipos térmicos, pero por diversas razones que van desde el factor económico hasta por eficiencia de los propios equipos.

El sistema de aire acondicionado más instaurado en el municipio es el de tipo individual sin distinción entre el tipo de vivienda y en prácticamente la mitad de los hogares. Todos estos servicios de refrigeración emplean la electricidad como fuente de energía, siendo de las actividades que más emisiones indirectas derivan. El servicio de climatización se puede considerar menos imprescindible que otros, principalmente por el nivel de uso menos generalizado durante los periodos de calor.

El fundamento de los equipos refrigerantes son los principios termodinámicos para conseguir intercambios de calor y temperaturas entre espacios. La extracción de calor del lugar que se quiere refrigerar, lo que se conoce comúnmente como producir frío, requiere de aportes de energía que fuercen estas diferencias de calor. Mediante la cirulación natural del aire se crean celdas convectivas en las propias estancias en las que el aire frío pesa más y desciende y el aire caliente pesa menos y sube, de ahí que la ubicación predilecta para los equipos de refrigeración sea en el techo o lo más alejados posible del suelo.

La mayoría de equipos empleados en la climatización de edificios están adaptados para alimentarse mediante corriente eléctrica, por lo que consiguiendo una eficiencia mayor del mix eléctrico ya se consigue una mejora inherente en el uso de este servicio. Para que las tecnologías de climatización se puedan considerar eficientes deben tener una potencia nominal menor o igual a 12 kW. Como son equipos que absorben calor en lugar de producirlo, su medición de la eficiencia requiere de términos equivalentes para cuantificar su rendimiento. Así surgen los términos COP o Coeficiente de Rendimiento y EER o Coeficiente de Eficacia Frigorífica. El COP se define como el cociente entre la potencia calorífica total disipada en W y la potencia eléctrica consumida por el equipo durante su uso. El EER representa el rendimiento energético del equipo cuando funciona en modo enfriamiento. Del mismo modo que se emplean las calorías para referirse a producción de energía térmica, en refrigeración se acuñan las frigorías para medir la absorción de energía térmica (1 Frigoría = -100 kcal).

- ○ **Aire acondicionado**

Los equipos de refrigeración para aire interior de uso con personas se conocen comúnmente como aire acondicionado (AC). El fundamento consiste en enfriar y deshumidificar el ambiente de diferentes habitáculos para reducir la sensación de calor. La extracción de calor se realiza mediante ciclos sucesivos de compresión de vapor, circulando un líquido refrigerante por el interior de un sistema de tuberías que aumenta su temperatura al comprimirlo y se enfría rápidamente al expandirlo.

El equipamiento de los sistemas de aire acondicionado está pensado para la realización de las 4 etapas del ciclo de compresión de vapor. La primera fase de compresión se realiza en el compresor de la unidad exterior de condensación, donde se alberga también la bobina de condensación. Los ventiladores de la unidad exterior canalizan el aire a través del gas refrigerante presurizado caliente, haciendo que se condense y se enfríe cediendo calor al exterior. Una vez presurizado el refrigerante y en estado líquido se canaliza por la instalación de tubos hasta la unidad interior de aire. Dentro se encuentra la válvula de expansión que reduce la presión del líquido refrigerante haciendo que se enfríe. El equipo interior posee la bobina de evaporación, por donde circula ahora el refrigerante enfriando el aire de la sala hasta que absorbe el calor suficiente como para pasar nuevamente a estado gaseoso y comenzar otra vez el ciclo. Esta es la peculiaridad de los refrigerantes, absorben calor a baja temperatura y baja presión pasando de estado líquido a gaseoso en condiciones ambientales prácticamente. Los ventiladores de ambas unidades fuerzan la circulación del aire y aceleran los procesos de condensación y evaporación.

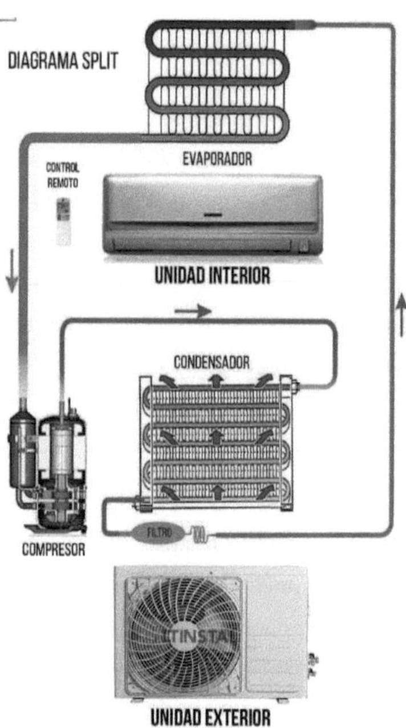

Figura 35. Esquema funcionamiento aire acondicionado con Split [Fuente:
https://ltinstal.com/instaladores-aire-acondicionado-en-vilanova/split-aire-acondicionado/]

Los equipos de aire acondicionado se van a diferenciar principalmente en la forma en la que difunden el aire frío interior.

- AC por conductos: climatización centralizada para espacios amplios y varias estancias a la vez. Necesita de instalación con tubos refrigerantes distribuidos donde se enfría el aire y lo expulsan por pequeñas rejillas. Habitual en edificios de servicios con falso techo o viviendas de nueva construcción.

- AC por cassetes: también para grandes espacios por su capacidad de distribuir aire en 4 direcciones opuestas. Requieren también de instalación y son algo más visibles que las rejillas.

- AC Split: equipo más común para uso doméstico con buenos resultados. Son aparatos fijos en la pared que permiten climatizar una estancia, o varias si el sistema es multi-split, con una sola unidad exterior.

ÓSCAR PÉREZ HUERTAS

- AC solar: se trata de una opción renovable todavía en desarrollo que permite reducir consumos y costes al no servirse de electricidad para su funcionamiento. El aire acondicionado solar por absorción funciona del mismo modo solo que la unidad exterior esta vez es un panel solar.

- AC tipo paquete: colocados normalmente debajo de las ventanas sin necesidad de instalación de conductos y únicamente con un escape de aire caliente al exterior. Muy comunes en edificios de alojamientos con tránsito de personas dado su bajo coste e instalación. En viviendas está más destinado a casos específicos de usos en estancias concretas y no tan generalizado.

La comodidad que proporcionan los equipos de aire acondicionado es su principal valor añadido. Si se añaden los bajos consumos que tiene, todos eléctricos además, y los altísimos rendimientos ($\eta\sim500\%$) que alcanza se consigue una tecnología con mucho potencial.

En contra juega que es un servicio que no todo el mundo posee y al que no todos tienen acceso. Requieren de instalaciones complejas y los conductos por los que circula el refrigerante deben protegerse debidamente. Resecan mucho el ambiente y pueden difundir microbios si no se filtra bien el aire.

o ***Portátil***

Los equipos de instalación fija se destinan a edificios en los cuales se sabe que va a ser necesario un equipo de climatización, mientras que los portátiles se enfocan más en cubrir necesidades más puntuales y en diferentes habitáculos. La instalación se reduce a la colocación de un tubo flexible extractor de aire caliente en una ventana hacia el exterior. El funcionamiento sigue siendo el mismo solo que comprimido en un solo equipo, que toma el aire caliente de la estancia, lo enfría en su interior al hacerlo pasar por un sistema de tubos refrigerantes y lo devuelve para ir descendiendo la temperatura poco a poco. Al estar ubicados dentro de la misma carcasa, los equipos portátiles resultan más ruidosos debido principalmente al ventilador evaporador.

El carácter móvil de las unidades dota de gran utilidad a este tipo de aire acondicionado. Tienen un rendimiento considerable ($\eta\sim400\%$), aunque menor que los equipos fijos.

Aparte del ruido que producen, son equipos poco eficaces en habitaciones de más de 20 m². Se considera una tecnología poco práctica para necesidades grandes y casi como último recurso cuando otras opciones sobredimensionan la estancia.

Otro sistema similar portátil es el climatizador evaporativo, que emplea agua fría o hielo para refrescar la corriente de aire forzada sin necesidad de líquido refrigerante. El equipo fuerza al aire caliente a que pase por un filtro húmedo debido a la evaporación del agua de su interior. Con un ventilador se retorna más fresco al ambiente sin resecarlo y con un gasto energético mínimo. Cuando las necesidades de refrigeración, ya sea por clima o por tipología de edificio, no resulten excesivamente grandes se puede hacer frente a la climatización con equipos sin refrigerantes.

o ***Bomba de calor***

Los dispositivos reversibles permiten invertir el ciclo termodinámico con el uso del refrigerante para que el funcionamiento sea en este caso de enfriamiento. Las unidades exterior e interior intercambian su funcionamiento con respecto al funcionamiento de calefacción para aportar frío al interior.

La principal diferencia con los equipos de AC convencionales radica en el control de la temperatura ambiente, típicamente comandado por un termostato. La señal de activación llega al compresor, el equipo que más consume de la instalación, y éste se va parando y arrancando hasta que equilibra la temperatura deseada. Este mecanismo produce picos de consumo y es lo que la bomba de calor consigue evitar mediante el sistema invertir. Este variador de frecuencia actúa directamente sobre la velocidad del compresor adecuándose a la demanda energética y evitando los continuos encendidos.

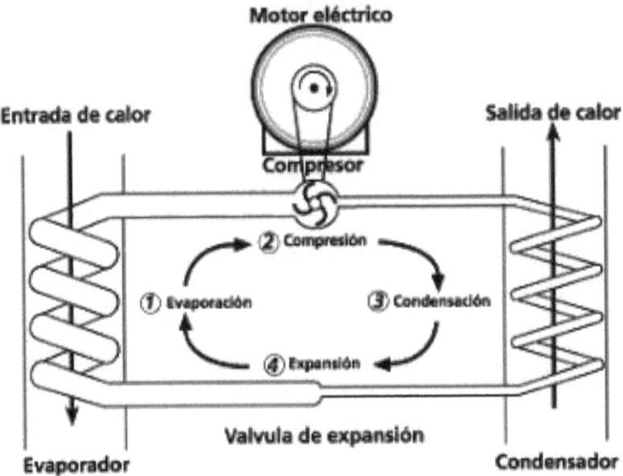

Figura 36. Bomba de calor inverter de compresión mecánica accionada por motor eléctrico [Fuente: https://instalacionesyeficienciaenergetica.com/bomba-de-calor-inverter-sistema-vrv-vrf/]

Existe un claro ahorro energético a la hora de climatizar el aire interior ya sea para calefacción o para refrigeración ($\eta{\sim}320\%$). La reducción de consumo del compresor permite funcionamientos más prolongados y una mayor duración del equipo.

La instalación de una bomba de calor para refrigeración implica la dualidad con el equipo de calefacción, por lo que se hacen necesarios los dos servicios sin poder separarlos.

o **Geotérmica**

Las bombas de calor tierra-aire permiten que exista la calefacción geotérmica, así que revirtiendo el funcionamiento de la bomba de calor se puede obtener refrigeración geotérmica. El enfriamiento geotérmico es una tecnología aún en fase de crecimiento que cuenta con las notables eficiencias de los equipos en los que se basa.

Ya se ha explicado la base de la geotermia, por las cuales el subsuelo se mantiene a unas temperaturas más o menos constantes durante todo el año por las propiedades aislantes de la tierra. Un sistema de tuberías realiza cíclicamente las etapas de enfriamiento, eliminando el exceso de calor a través de la tierra que ha sido conducido por una bomba de calor desde el interior del edificio. La disposición de los tubos de polietileno depende de la tipología del terreno, pero es la misma que para el caso de calefacción geotérmica.

Al considerarse una tecnología con energía renovable su desarrollo tecnológico continuará mejorando el equipo. El aporte de electricidad que necesitan es mínimo comparado con otras tecnologías.

La instalación que requiere la geotermia reduce su campo de implantación a edificios de nueva construcción con terreno apto y algunos casos de rehabilitaciones, pero siempre necesitados de estudios de prospección del suelo complejos.

COCINA

Los servicios destinados a la alimentación se encuentran en los primeros puestos de prioridad de consumo. Se antoja difícil pensar en cualquier vivienda o establecimiento del sector servicios que no cuente con algún equipamiento para cocinar alimentos. Dentro de la definición de cocina se incluye el consumo de cualquier equipo destinado a la cocción de comida, ya sean fogones, hornos o parrillas.

Se puede asumir que la práctica totalidad de las viviendas madrileñas están equipadas con una cocina, repartiéndose entre cocinas de gas y vitrocerámicas. Pese a este reparto casi equitativo, la fuente energética más consumida es la electricidad, seguida del gas natural como combustible más presente en las viviendas en bloque por la expansión de la canalización. Los Gases Licuados del Petróleo (GLP) son los otros combustibles empleados en el resto de viviendas mayormente unifamiliares.

Antiguamente todas las cocinas empleaban combustibles fósiles como carbón o leña, que requieren un mayor mantenimiento y atención. Gracias a la evolución tecnológica se empezaron a cambiar estos sistemas por otros mucho menos contaminantes, más eficientes y sobre todo cómodos.

o **_Cocina eléctrica_**

La primera variación que se introdujo en la forma de cocinar fue el uso de la electricidad para convertirla en calor, como ya se utilizaba en calefacción. Los primeros modelos empleaban bobinas de calor resistivas para calentar fogones de hierro donde se colocaban encima los recipientes metálicos para cocinar. Sucesivamente fueron

ÓSCAR PÉREZ HUERTAS

surgiendo mejoras que aumentaban la eficiencia como emplear un tubo hueco de acero enrollado en espiral con un elemento radiante en el interior. Esta espiral de acero se calentaba hasta el rojo vivo produciendo más calor en menos superficie para difundirla hasta las cacerolas o sartenes. En definitiva, el fundamento es el uso de resistencias metálicas de diferentes tamaños y potencias sobre placas difusoras de hierro.

Es una tecnología empleada desde hace muchos años con la ventaja de la diversidad de utensilios de cocina que permite usar.

El elevado consumo de gasto eléctrico para calentar recipientes no compensa el rendimiento ($\eta \sim 60\%$) de transferencia de calor que tiene. Tardan mucho en calentar la superficie de contacto y después mantiene demasiado tiempo el calor residual, teniendo que aumentar las precauciones para evitar quemaduras. Son equipos cada vez más en desuso y las nuevas tecnologías irán disminuyendo su conservación.

o **_Cocina de gas_**

Se elimina la superficie de contacto intermedia entre la fuente de calor y la cacerola. Un quemador de gas controlado produce una llama regulable en contacto directo con el metal del recipiente de cocción. El uso de un combustible como el gas natural es debido a la potencia energética que posee y de manera más económica.

Muchos usuarios prefieren este tipo de cocina por el resultado que se obtiene al cocinar. Admiten cualquier tipo de utensilio de cocina metálico y el ahorro de tiempo son sus principales ventajas. La distribución del calor es más homogénea ($\eta \sim 75\%$) y no se limita solo a la parte inferior del recipiente metálico. La mayoría de establecimientos del sector servicios prefieren el uso del gas por el ahorro, celeridad y resultados que se obtienen.

El mantenimiento es más complicado pues hay que revisar los quemadores periódicamente para evitar obstrucciones por suciedad. Pese al ahorro que pueden conseguir, si no se utilizan asiduamente provocan el efecto contrario, aparte de perder eficiencia con el paso del tiempo. La quema de combustibles fósiles no deja de ser una opción contaminante, pero son equipos ampliamente utilizados y cuyo cambio se antoja muy gradual.

Figura 37. Imagen de la distribución del calor en cocina de gas (izq.) y cocina eléctrica (dcha.) [Fuente: https://www.bbc.com/mundo/noticias-36609625]

o **Mixta de gas/electricidad**

La evolución tecnológica natural de los dos primeros equipos de cocina moderna era unificarlos en un mismo sistema. La posibilidad de la cocina mixta permite elegir el método de cocción más adecuado para cada situación, aunando las ventajas de cada tecnología sin perder eficiencia (η~70%).

o **Vitrocerámica normal**

El siguiente paso en la evolución tecnológica se dio en la década de los 70 con el desarrollo de la vitrocerámica. Este sistema tiene una conductividad térmica muy baja, un coeficiente de expansión térmica prácticamente nulo, pero a la radiación infrarroja la permite pasar fácilmente. Emplea electricidad para funcionar (η~50%) pero reduce los problemas de disipación de calor que presentaban las cocinas eléctricas. Mediante bobinas de calentamiento o lámparas halógenas de infrarrojos se produce el calor. El material utilizado permite que la cocina se caliente más rápidamente y solo la placa de vidrio en la que se encuentra, generando menor calor residual y manteniendo las zonas adyacentes frías.

El mantenimiento se limita solamente a la limpieza de la superficie lisa sobre la que se cocina. Nuevamente permite el uso de cualquier utensilio metálico y las temperaturas que pueden soportar son mayores. Es el equipo más usado actualmente y dotado de gran seguridad al permitir regular la cantidad de calor en función de la corriente que circule.

El consumo energético no deja de ser considerable, pero más eficiente que las cocinas puramente eléctricas. Después de su uso todavía mantienen el calor residual durante un tiempo por lo que no se debe descuidar la seguridad.

o **Cocina de inducción**

El avance tecnológico en las formas de obtener calor ha dado lugar a la cocina de inducción como variación de la vitrocerámica que calienta el recipiente a través de un campo electromagnético. Creando un campo electromagnético alternante a través del recipiente ferromagnético hace que los átomos se agiten y desprendan calor. Los recipientes deben tener al menos la base de un material ferromagnético conductor del campo electromagnético creado, por lo que ya no sirve cualquier utensilio de cocina para su uso.

Este proceso de calentamiento tiene menores pérdidas de energía y no genera un calor residual más allá que en el propio recipiente. Se trata de la tecnología con mayor eficiencia energética (η~85%) y la de mayor rapidez para la cocina. La superficie de vidrio de la cocina de inducción se mantiene fría y el mantenimiento y la limpieza se simplifican. Respecto a la seguridad es también el sistema más fiable, pues detecta si hay un recipiente encima o no y encenderse en función de ello.

El coste tecnológico es todavía elevado en comparación con otros sistemas más instaurados, englobando la mayor parte la electrónica de potencia necesaria para la formación de los campos electromagnéticos. La inversión va más allá de la propia cocina, pues no son aptos todos los utensilios de cocina y se necesitan adquirir los adecuados.

o **Mixta de vitrocerámica/inducción**

Del mismo modo que surge la cocina mixta de gas y electricidad, la evolución tecnológica favorece la aparición de un sistema híbrido entre los dos equipos con mayor proyección actualmente. Está pensada para casos en los que no se puede realizar una inversión total de cocina y utensilios ferromagnéticos en el paso a la cocina de inducción. Al poder emplear los dos sistemas se destina un tipo de utensilios a la vitrocerámica y otros a la de inducción, principalmente los que menor tiempo de cocción necesiten. En la actualidad tiene casi el mismo desarrollo la cocina mixta que la que posee únicamente inducción, pero manteniendo lo mejor de cada una (η~80%).

ILUMINACIÓN

Este servicio es totalmente suministrado por la electricidad como fuente de energía para el uso de bombillas. Dentro de los tipos de bombillas utilizadas, en términos absolutos, la bombilla convencional es la más abundante llegando a una media de 8,3 bombillas/vivienda frente a las 7 de bajo consumo. Otro tipo de bombilla interesante por su bajo consumo son las bombillas LED, con diferente implantación entre las viviendas y los servicios.

La forma de medir el rendimiento de una fuente luminosa es mediante el rendimiento luminoso, definido como la relación entre el flujo luminoso emitido y la potencia. Es habitual ver este valor en términos porcentuales de eficiencia, pero es un factor con unidades y en la actualidad ronda un valor medio de 60 lm/W.

Si las bombillas son el elemento de iluminación, el dispositivo que permite conectarlas a la corriente son las lámparas. Se encargan de transformar energía eléctrica en lumínica con la mayor eficiencia posible, aunque siempre hay productos no deseados. No toda la cantidad de electricidad que llega a la bombilla se convierte en luz, una gran parte se convierte en calor disipado y un porcentaje también se emite como radiación infrarroja o ultravioleta invisibles al ojo humano.

Los sistemas de iluminación dependen de las características del edificio que vayan a iluminar, pues no todos los tipos de luces son iguales ni se usan para lo mismo. Este servicio se considera indispensable para los hogares y la mayoría de edificios del sector servicios, pero no se emplea el mismo tipo de iluminación en ambos sectores. Al ser una necesidad durante muchas horas del día y de uso, se necesita que los sistemas sean lo más eficientes posibles con las mejores prestaciones y los menores consumos.

La evolución en el servicio de la iluminación va más allá del puramente ecológico o económico y pueden ser útiles algunos consejos de concienciación social:

- Sustituir primero las lámparas de uso más común y menos eficientes.

- Evitar elegir lámparas por su estética y eliminar el uso de muchas bombillas en un equipo.

- Limpiar asiduamente las lámparas y usar tulipas de colores claros.

- Distribuir uniformemente los focos de luz instalando varios interruptores de control.

- Seleccionar bombillas y equipos que presenten un etiquetado de eficiencia energética alto.

- Promover sistemas solares con aprovechamiento de luz natural y que reduzcan el uso de electricidad.

o ***Estándar***

El funcionamiento de la bombilla común se basa en producir luz mediante el calentamiento incandescente de un filamento metálico al pasar corriente eléctrica. Se conoce como efecto Joule y fue el fundamento para la creación de la primera bombilla allá por 1880 por Thomas Edison.

Inicialmente el filamento era de grafito, pero sucesivas mejoras han terminado en un hilo de tungsteno o wolframio enrollado realizando la función de resistencia eléctrica. En los primeros modelos se realizaba el vacío al interior de la bombilla, mientras que hoy en día se emplean gases nobles como el argón o el kriptón para evitar la combustión del material metálico y favorecer el ahorro energético. Según la potencia de la bombilla se ajusta el tamaño de la ampolla de vidrio, ya que cuanta más potencia tenga mayor cantidad de calor es necesaria disipar por lo que se aumenta la superficie. El cierre se completa con el casquillo metálico donde se ubican las diferentes conexiones eléctricas.

Su implantación está más que extendida y tienen un tono de luz amarillento cálido. Son muy baratas pero su fabricación está prohibida en la Unión Europea desde 2012. Aún existen bombillas de este tipo, pero es cuestión de tiempo que vayan entrando en desuso.

Su uso es poco ecológico y de bajo rendimiento, pues la gran cantidad de energía que requieren la convierten en calor mientras que en luz no alcanzan más de un 15%. Tienen una vida útil corta (~1.000 horas) que a la larga no compensa su bajo precio. Su rendimiento luminoso ronda los 20 lm/W en los mejores casos, muy por debajo del valor medio.

o **Halógenas**

Una de las primeras variaciones de la bombilla incandescente común fue la lámpara halógena. El gas noble del interior se sustituye por un gas halógeno y el vidrio exterior por un compuesto de cuarzo más resistente al calor. De este modo el filamento de tungsteno dura más tiempo al encontrarse en equilibrio químico con los gases halógenos transformándose en otro gas como es el halogenuro de tungsteno. Este gas inestable al calentarse se descompone nuevamente en tungsteno metálico y se deposita en el filamento deteriorado para recuperarlo, creando un proceso cíclico llamado ciclo halógeno.

Se aumenta la vida útil (~10.000 horas) y la potencia de la bombilla, reduciendo el tamaño y el consumo que se empleaba antes para disipar calor. El color de su luz es blanco y pueden usarse con reguladores de potencia, alcanzando los 20 lm/W. Su forma y tamaño las hacen las más adecuadas para equipos luminosos empotrados en hogares y locales.

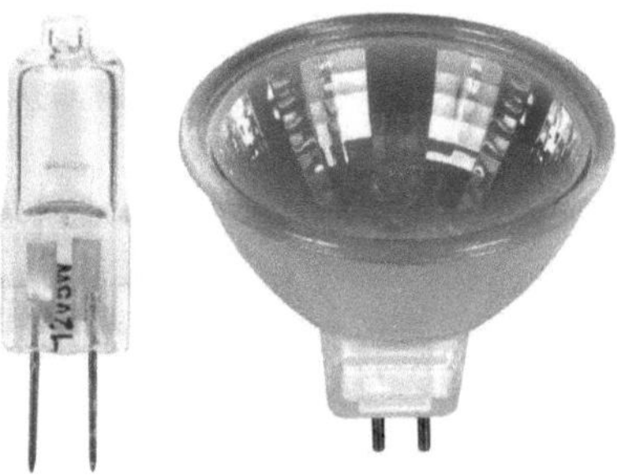

Figura 38. Bombillas halógenas [Fuente: https://www.sostronic.eu/bombilla-halogena-20w-12v-mr11_pr55223]

El encendido es instantáneo y con haz de luz potente, adecuado para enfocar puntos concretos. Son más eficientes que las convencionales (η~30%) y no pierden intensidad lumínica con el uso porque los gases halógenos no opacan el cristal. Se pueden conectar directamente a la red eléctrica sin rectificadores previos y son predilectas para zonas de tránsito con encendidos y apagados continuos.

Al igual que las bombillas estándar emiten mucho calor. Para alcanzar su máxima vida útil requieren de un transformador de corriente a 12 o 24 V. Emiten radiación UV junto

ÓSCAR PÉREZ HUERTAS

con la luz blanca por lo que deben emplearse medidas de protección en salas de lectura o de uso continuado. Fueron revolucionarias en su momento, pero por sus prestaciones ya algo obsoletas se han dejado también de fabricar en la UE desde 2018.

o ***Bajo consumo***

El elevado consumo energético de las bombillas estándar forzó la búsqueda de otras formas de iluminación sin usar resistencias incandescentes que consumieran tanto. Las bombillas más comunes de bajo consumo son las de tipo CFL o Lámparas Compactas Fluorescentes, en el interior de las cuales se produce una descarga eléctrica atravesando el gas noble que contiene mercurio y que genera una luz ultravioleta. La capa interna de la ampolla de cristal puede estar formada por varios elementos: fósforo, cerio, lantano, europio, terbio e itrio que emiten luz roja, azul y verde que, combinada con la luz ultravioleta formada, permite que desde el exterior se perciba como luz blanca. El tubo en el que se alojan los gases suele doblarse en forma de "U" para disminuir el espacio que ocupa, pues de la longitud del mismo dependerá proporcionalmente la potencia de la bombilla. Tanto el neón (Ne), como el kriptón (Kr) o el argón (Ar) se usan indistintamente como gases nobles junto con vapores de mercurio.

Este tipo de bombillas son de encendido rápido, por lo que para encender los filamentos de los extremos se sirven de un balasto electrónico encapsulado en el casquillo de la bombilla. Este dispositivo electrónico aplica tensión para encender el tubo y regula después la intensidad de corriente circulante por el gas. La corriente eléctrica que llega al balasto es de tipo alterno directamente de la red. Un rectificador de diodo de onda completa la convierte en corriente continua mejorando el factor de potencia de la lámpara. A continuación, un circuito oscilador transforma nuevamente la corriente en alterna pero con una frecuencia aumentada que disminuye el parpadeo provocado por el arco eléctrico típico de estas lámparas. El funcionamiento de estas bombillas compactas es igual que las fluorescentes, pero siendo más manejables y sin efecto estroboscópico.

Son un tipo de bombillas que ha ganado uso en el sector RCI sustituyendo progresivamente a las convencionales. En los hogares se tienden a ver en cocinas o salones donde suelen pasar más horas encendidas. Aparte de su reducción de consumo energético con respecto a las incandescente tienen una duración mucho mayor, en torno a 15.000 horas y con una alta eficiencia lumínica (~60 lm/W) (η~50%). Uno de los problemas de aumento de temperatura por pérdidas de calor se reduce con estas bombillas.

Su inversión inicial es algo más cara, aunque amortizada a largo plazo. No se recomienda encenderlas y apagarlas repetidas veces por lo que no se usan en zonas de paso. Tardan unos segundos en alcanzar la luminosidad máxima. Han de reciclarse como tratamiento de residuos peligrosos por la existencia de mercurio en su interior, cuando muchas veces se desechan como basura convencional y crean intoxicaciones.

o **Fluorescentes**

La forma asociada a este tipo de bombas es un tubo alargado. Al circular corriente eléctrica a través de los filamentos revestidos de bario se vuelven incandescentes y emiten electrones. Este salto energético ioniza el gas noble del tubo, volatiliza el mercurio y lo convierte en un gas conductor a baja presión. El gas se vuelve conductor por el aumento de voltaje producido por el balastro cuando circula corriente por el arrancador. El arrancador se encarga de abrir y cerrar el circuito alternativamente con una lámina bimetálica que, mediante inducción, provoca ese exceso de voltaje que

ÓSCAR PÉREZ HUERTAS

ioniza el gas. Al poco tiempo de funcionamiento, cuando se ha arrancado todo el arrancador, ya no se permite el paso a través de la lámina bimetálica y solo queda el balastro para mantener la conductividad del gas. El choque de los electrones excitados entre el gas de mercurio y el gas noble produce luz ultravioleta en el tubo. La capa interna del cristal está recubierta de fósforo que, al incidir sobre ella, produce luz visible fluorescente característica de estas lámparas.

La luz que proyectan es de un tono blanco muy radiante pensado para usos comerciales y zonas de trabajo. El consumo de energía es bajo al dejarlas funcionar durante largos periodos, pues los encendidos continuos no favorecen su correcto funcionamiento. Tienen una vida útil larga (~10 años) acompañada de gran potencia lumínica (~70 lm/W) que no genera calor residual (η~75%).

El elevado coste no facilita su implantación masiva en entornos más allá del laboral. Necesitan de equipos auxiliares para hacer funcionar los tubos fluorescentes, que son de gran tamaño.

- o ***LED***

Las Luces Emisoras de Diodo o LED emiten luz a partir del flujo de electrones a través de un material semiconductor. Se consideran de bajo consumo, pero se fundamentan en el uso de diodos emisores de luz en lugar de las fluorescentes compactas actuales. A diferencia de las CFL, las bombillas LED no poseen ningún elemento tóxico con el que extremar precauciones y alcanzan el 100% de luminosidad instantáneamente.

La principal ventaja de los LED es su alta eficiencia con bajo consumo (η~80%). Su evolución acelerada ha permitido alcanzar el mejor rendimiento lumínico (~80 lm/W) con una luz totalmente blanca. La vida útil también se incrementa, rondando las 40.000 horas aunque siempre depende de las condiciones de uso y calidad a las que se someta. Prácticamente no desprenden calor.

Su sustitución está siendo más gradual, pues resultan más económicas en espacios públicos y de servicios por su uso continuado, mientras que en hogares se acaban amortizando a largo plazo. Su luz tan intensa puede resultar molesta y se necesitan de muchos puntos emisores de LED para tener un buen foco.

ELECTRODOMÉSTICOS

La definición de electrodoméstico engloba todo aparato eléctrico conectado a la corriente que da un servicio necesario en el hogar y del mismo modo en otro tipo de edificios. Cubren servicios de todo tipo, desde limpieza o cocina hasta ocio y entretenimiento. Su uso está muy extendido pero de manera heterogénea, ya que no todos los electrodomésticos se reparten por igual según el tipo de viviendas.

Los electrodomésticos se diferencian entre los correspondientes a la gama blanca como son el frigorífico, la lavadora, el horno o el lavavajillas y los de la gama marrón como el televisor, el microondas, el ordenador o la alarma. La forma de medir su eficiencia es en función del consumo eléctrico a lo largo del año y empleando la etiqueta energética. El nivel de eficiencia energética se especifica por una letra de la A a la G, siendo la A la más eficiente y la G la opción más desfavorable. La catalogación de estas letras se realizó mediante un estudio comparativo de los consumos de todos los electrodomésticos y, a los de consumo medio, se les asignó el rango intermedio con las letras D y E. Este barrido tecnológico se efectuó hace tiempo y, con las mejoras tecnológicas actuales, han surgido nuevas denominaciones para hacer referencia a los equipos más eficientes (A+, A++, A+++).

Dentro de la gama blanca, el frigorífico es el de mayor penetración en las viviendas, seguido de la lavadora, el horno y el lavavajillas. La eficiencia de los mismos es difícil de cuantificar si se desconoce la etiqueta energética de cada uno, superando en más de la mitad los casos en los que no se conoce. Si se considera la clase energética más eficiente (Clase A, A+, A++, A+++) nuevamente los frigoríficos son los más respetuosos seguidos por lavadoras y lavavajillas.

La penetración de los electrodomésticos eficientes, según el tipo de etiqueta energética, difiere según los equipos, si bien para los frigoríficos, las lavadoras, lavavajillas y lavadoras-secadoras supera el 50% de los hogares. En general, la clase energética más conocida es la Clase A, con una penetración media nacional del orden del 40% en todos los equipos.

En la gama marrón se integran todos los aparatos eléctricos que desempeñan una labor más de ocio en el hogar que otra de tipo primario como alimentación o limpieza. La televisión es el de mayor penetración teniendo presencia en la totalidad de los hogares.

En el siguiente escalón, entre un 80% y 90% de penetración en las viviendas, se encuentran los microondas y aparatos reproductores de DVD o decodificadores. En los últimos años, los ordenadores, ya sean de tipo portátil o de sobre mesa, han extendido mucho su uso alcanzando una penetración media del 70% de los hogares. El resto de equipamiento de esta gama cuenta con una implantación variable entre el 3% y el 40% de los hogares, como son las cadenas de música, las videoconsolas, los módems y las alarmas. Los criterios de presencia de estos equipos no se rigen por tipo de vivienda ni por climatología del lugar del edificio de manera general; únicamente la implantación de alarmas es más habitual en viviendas unifamiliares y segundas residencias (IDAE, 2011).

Tabla 19. *Listado de electrodomésticos más usados en las viviendas de Madrid y su vida media [Fuente: PROYECTO SECH-SPAHOUSEC. IDAE]*

Electrodoméstico	Duración media	Tasa de equipamiento por hogar
Frigorífico	12,3 años	99,8%
Lavavajillas	11,6 años	55,9%
Lavadora	11,5 años	94,1%
Secadora	11,5 años	21,4%
Microondas	9,2 años	90,8%
Aspirador	8,6 años	96,4%
Plancha	6,8 años	98,2%

Reparto de consumo Electrodomésticos

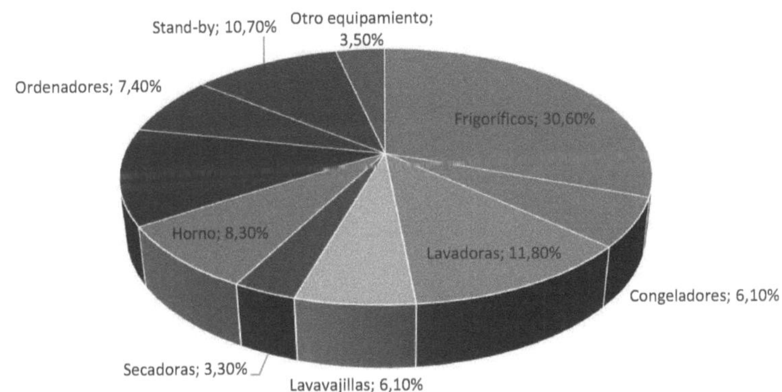

Figura 40. Reparto porcentual del consumo de electrodomésticos en las viviendas de Madrid

Ligado al uso de los electrodomésticos, principalmente los de gama marrón, existe un consumo asociado al tiempo de no funcionamiento de los equipos conocido como "stand-by". Sencillamente, por tenerlos conectados a la corriente eléctrica, se produce un consumo extra que no implica ningún servicio productivo al usuario. Son todos esos pilotos luminosos, el multiequipamiento y el hecho de tener siempre disponibles ciertos equipos para su uso lo que incrementa el consumo del "stand-by". El televisor es el electrodoméstico que más consume al estar apagado y no es un porcentaje despreciable del total consumido como para despreciarlo.

Tabla 20. **Listado de electrodomésticos con su consumo medio en stand-by**

Aparatos eléctricos	Potencia consumida es espera (W)
Televisor	3-20
Reproductor de vídeo	6-20
Minicadena	5-20
Contestador telefónico	1-5
Decodificador TV	20
Antena parabólica	20
Teléfono inalámbrico	2-5
Reloj despertador	1-3
Radio casete	2-6
Radio	1-2
Relojes electrónicos de los equipos	2-4
Impresora	3-25

Capítulo 4

MEJORAS POTENCIALES A CORTO PLAZO

En este capítulo se va a abordar el estudio de las posibilidades de implementación de las diferentes tecnologías existentes en el sector RCI. El caso concreto de Madrid permitirá conocer las potenciales contribuciones de energía y emisiones según el tipo de energía primaria que se emplee en el plazo del año 2030. La reflexión será desde un punto de vista tecnológico tomando la situación actual de consumos y emisiones de los diferentes servicios sin entrar en detalles económicos o políticos.

Escenarios de transición energética

En el caso de los combustibles fósiles, que se continúan y aún se seguirán usando, su contribución contaminante se asume más o menos constante a lo largo del tiempo. Es decir, el factor de emisión del gas natural, el gasóleo y otros derivados del petróleo no sufrirá cambios notables con los años. Lo único que se puede cambiar es el consumo de los mismos, pues siempre poseerán una cierta emisión derivada de su uso que solo se elimina si se deja de emplear ese combustible. Con la electricidad sucede lo opuesto, pues el factor de emisión asociado al mix eléctrico, fluctúa con mayor celeridad y tiene todavía un amplio rango de mejora.

El camino hacia la completa descarbonización del sector RCI pasa por una transición progresiva de las formas de obtención de la energía de tipo renovable. A priori, es esperable un aumento del consumo de energía eléctrica en sustitución de combustibles fósiles (Deloitte, 2019). No obstante, si para la producción de electricidad continúa existiendo un mix eléctrico altamente contaminante, el esfuerzo será en vano.

Posiblemente, la referencia idónea para estudiar el futuro energético de España y su mix de generación eléctrica sea el reciente informe de la Comisión de Expertos sobre Transición Energética realizado por el Ministerio de Energía[29].

El informe data de abril de 2018 y recoge las posibles alternativas para una transición energética baja en carbono considerando aspectos técnicos, económicos y regulatorios y pretende ser la base para la elaboración de la futura ley de transición energética y cambio climática. Aunque los escenarios se centran en el 2030 se incluyen previsiones hasta el horizonte temporal del 2050 para dar una visión más estratégica de la evolución necesaria del sector eléctrico para alcanzar su descarbonización. Naturalmente no es posible garantizar dichas previsiones, se contempla que las emisiones de CO_2 del sector de producción eléctrico puedan reducirse hasta un 80-95% (en 2050 con respecto a los valores de 1990) dada la alta contribución de las energías renovables en la estructura de generación futura, lo que permitiría además alinearse con los objetivos planteados a nivel europeo. Por lo tanto, el escenario final se contemplaría con aproximadamente un 45% de la generación de origen solar fotovoltaico, un 50% eólico y el 5% restante de fueloil (Energética, 2017).

---

[29] Análisis y propuestas para la descarbonización http://www6.mityc.es/aplicaciones/transicionenergetica/informe_cexpertos_20180402_veditado.pdf

ÓSCAR PÉREZ HUERTAS

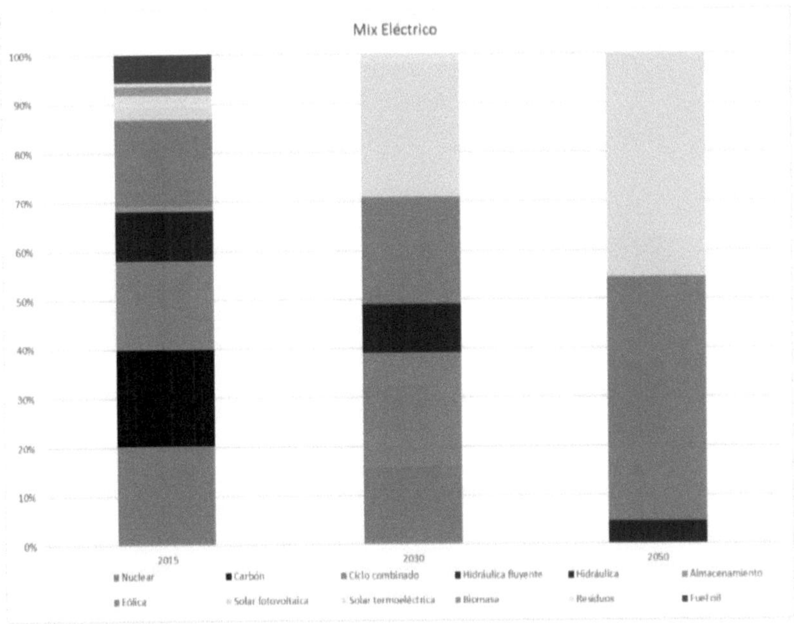

Figura 41. Mix eléctrico nacional estimaciones futuras por la Comisión de Expertos [Fuente: http://www6.mityc.es/aplicaciones/transicionenergetica/informe_cexpertos_20180402_vedi tado.pdf]

Los posibles escenarios se basan principalmente en las simulaciones del informe Escenarios para el Sector Energético en España 2030-2050[30] que utilizan hipótesis más conservadoras y menos ambiciosas. En función de la evolución de la demanda se podría requerir cierta participación de la energía nuclear, aunque no cambia las implicaciones en cuanto a emisiones contaminantes (Energy, 2017).

Un primer escenario de ralentización económica y menor capacidad para desarrollo e innovación tecnológica, en un contexto de alta incertidumbre política que implica una mínima reducción de costes a las nuevas tecnologías, se perpetuarían las fuentes energéticas actuales. En este supuesto, el gas natural empleado en ciclos combinados

---

[30] https://eforenergy.org/docpublicaciones/informes/informe_2017.pdf

suministraría más de la mitad de la producción eléctrica. En cualquier caso, la contribución de la energía solar y eólica sería superior a la actual.

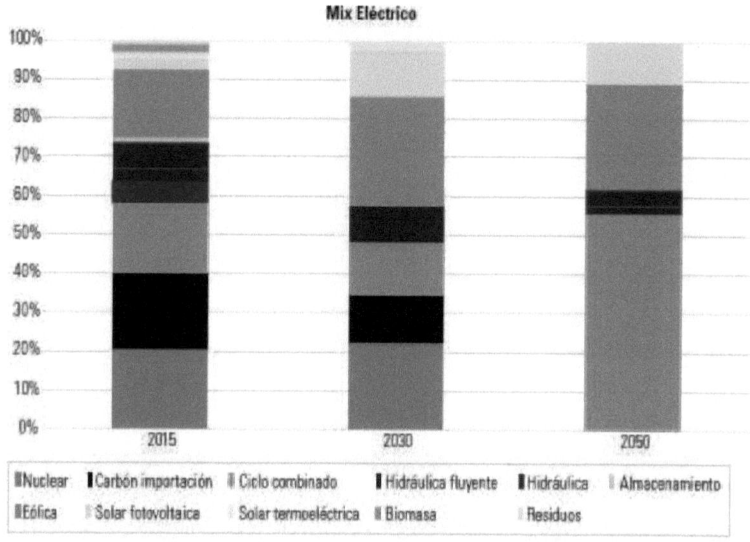

Figura 42. Mix eléctrico nacional estimaciones futuras por Economics for Energy [Fuente: https://eforenergy.org/docpublicaciones/informes/informe_2017.pdf]

Las conclusiones del Consejo Europeo de 2014 indicaban una cuota mínima de energías renovables dentro del consumo total de energía de la UE en 2030 del 27%. El cumplimiento de este objetivo de penetración del 27% de energías renovables sobre la demanda energética final en 2030 resulta más difícil de alcanzar teniendo en cuenta los resultados obtenidos. Para lograr dicho objetivo se depende del supuesto que se realice sobre la electrificación de la demanda final y también del nivel de eficiencia y consumo final. Teniendo en cuenta esta electrificación estimada en el escenario base, en estos escenarios globales no se llegaría a alcanzar ese objetivo (ese supuesto cambia en el caso de los escenarios energéticos). Sí se alcanza cuando se aumenta el esfuerzo en ahorro energético o cuando aumenta la cuota de biocombustibles en el transporte (Energética, 2017).

ÓSCAR PÉREZ HUERTAS

Tabla 21.   *Valores estimados de factores de emisión en 2030 según escenarios*

Escenario	Producción eléctrica en 2030 (GWh)	Factor de emisión medio – estimación propia- (g/kwh)*
Descarbonización	290.653	44,3
Políticas actuales	310.997	117,4
Avance tecnológico acelerado	352.260	98,7
Estancamiento secular	281.460	157,9

* F.E. actual = 322,7 g/kWh (hipótesis inventario de Madrid para el año 2017)

Metodología

Una vez definidos los posibles escenarios de cara al horizonte del 2030 se procede a definir las posibilidades que las diferentes tecnologías existentes en el sector RCI ofrecen de cara al avance tecnológico hacia la descarbonización.

La metodología seguida para exponer las tecnologías existentes y su repercusión energética ha consistido en comparar el posible potencial de mejora en la reducción de emisiones de cara al 2030 si el servicio completo (calefacción, ACS, refrigeración, cocina, iluminación o electrodomésticos) se realizara únicamente con dicha tecnología. La variación porcentual entre las emisiones actuales totales de cada servicio del sector, ya definidas en el inventario de emisiones, y las emisiones estimadas de cara al 2030 de cada tecnología usada al 100% en ese servicio definen la posible contribución de mejora a la contaminación.

Primero se toman los valores de energía consumida en GJ y emisiones en kilotoneladas emitidas de CO_2 equivalente para el servicio específico, separando en parte residencial y parte comercial e institucional. Dividiendo estas emisiones totales debidas al servicio por su correspondiente consumo energético se obtiene un factor de emisión implícito medio de cada actividad. Estos valores son representativos de todas las tecnologías que se emplean para el mismo servicio y en el mismo rector, residencial o comercial e institucional.

Como cada tecnología tiene un rendimiento tipo asociado y un porcentaje de uso dentro del sector, se puede calcular un rendimiento medio ponderado de todo el conjunto del servicio que se toma como referencia de la eficiencia del mismo. Con este valor porcentual se tiene una imagen real de la situación actual y es fácilmente comparable con cada tecnología específica. Para cada tecnología se extrapola un escenario en el cual se asume que el 100% del consumo energético del servicio en el que se usa esa tecnología se satisfaga con esa única tecnología, adoptando sus rendimientos y consumos. En función de si el rendimiento específico de la tecnología es mayor o menor al rendimiento medio del servicio en el sector, será necesaria una cantidad de energía primaria menor o mayor, respectivamente, para ese supuesto de sustitución total. Al reemplazar todo el bloque tecnológico del servicio con una misma tecnología se puede ver más fácilmente cómo de viable sería promover en un futuro dicha tecnología.

En función de si la tecnología emplea combustibles fósiles o electricidad se calculan las emisiones derivadas de ese escenario de sustitución total. En el caso de la electricidad, se postulan los diversos escenarios indicados para el año 2030 calculando las emisiones asociadas al mix eléctrico de cada escenario y comprobando la variación porcentual con las emisiones actuales. Con los combustibles fósiles se emplea el factor de emisión implícito del servicio calculado inicialmente, pues es el valor más real para el cálculo de emisiones en estos casos. Comparando la diferencia porcentual entre las emisiones actuales y las del escenario medio del servicio en el sector, se puede verificar la contribución potencial máxima teórica como indicador de interés de esa tecnología para su eso en la transición hacia la descarbonización.

Para facilitar la comprensión y aclarar los valores obtenidos se ha seguido un patrón de colores acordes a los servicios, continuando con los empleados en la definición del marco actual energético (ver Capítulo 2). De todos modos, cada tecnología tiene el color en el título de cada tabla del mismo tipo que el servicio al que hacen referencia los valores que aparecen: azul para calefacción, rojo para ACS, verde oscuro para cocina, naranja para refrigeración y morado para iluminación. Todos los valores que se han calculado aparecen en un mismo color para diferenciarlos de los títulos, solamente los valores finales de los porcentajes teóricos de mejora se han remarcado en verde si implicaban una reducción en las emisiones o en rojo si empeoraban la situación actual.

Se han ordenado de la misma forma que se expusieron en el capítulo anterior de revisión tecnológica. No obstante, existen tecnologías que se pueden considerar tanto en el sector residencial como en el comercial e institucional. En estos casos en los que una misma tecnología puede aplicar en ambas opciones se ha calculado la contribución potencial por separado para ambos subgrupos. A priori, todas las tecnologías que se pueden emplear en el sector comercial e institucional ya se utilizan en el residencial, aunque en diferente proporción. Estas tecnologías consideradas para ambos casos son las de mayor implantación o de mayor futuro por su baja contaminación.

Posibilidades de implementación de las tecnologías en el Grupo SNAP 02

Se exponen todas las tecnologías existentes en el sector RCI ordenándolas por servicios y considerando si aplican solo al ámbito residencial o también al comercial e institucional. Como se ha comentado anteriormente, por lo general se sigue el siguiente orden de tecnologías: calefacción, ACS, refrigeración, cocina, iluminación y electrodomésticos por separado. No obstante, hay casos de equipos que sirven tanto para calefacción como para ACS y se han expuesto seguidas las contribuciones en estos dos servicios, aunque luego se continúe con el orden estipulado, para priorizar el estudio individual de cada tecnología.

CALDERA CONVENCIONAL

Las calderas más antiguas de gas natural ya empiezan a notar la evolución tecnológica y cómo poco a poco comienzan a sustituirse. No obstante, continúan siendo el método de calefacción más empleado tanto en las viviendas como en los edificios de servicios. Como punto positivo su alto rendimiento, por encima incluso de la media del servicio de calefacción.

La calefacción primaria de los edificios mediante caldera convencional de gas natural es una tecnología ampliamente instaurada y con un grado de madurez muy elevado. Su uso va a continuar en la evolución tecnológica debido al lento proceso de sustitución y las dificultades que esto acarrea. Pese a todo ello e incluso usando combustibles fósiles no renovables como el gas natural, posee un potencial de mejora en las emisiones del 3,09% en el sector residencial si solo se emplearan calderas convencionales para cubrir la demanda energética de calefacción. Es un valor no muy significativo y fruto de un rendimiento superior a la media del servicio, por lo que no debe tomarse como una opción viable a corto plazo para conseguir la descarbonización.

En cambio, en el sector comercial e institucional, donde los equipos de calefacción habituales son más eficientes, el rendimiento medio supera al individual de la caldera convencional. En este caso, si todo el sector servicios empleara calderas convencionales para calefactar, se empeoraría la situación actual de emisiones en un 5,22%. Aunque ya se conocía el poco potencial de mejora tecnológica de estas calderas, el sector de los servicios visualiza los equipos más eficientes e idóneos y la caldera convencional no es uno de ellos.

Tabla 22.   *Ficha tecnológica caldera convencional para calefacción*

Caldera convencional de gas natural

RESIDENCIAL

SERVICIO DE USO	CONSUMO (GJ)	EMISIONES (kt CO2 eq)	FACTOR EMISIÓN IMPLÍCITO (kg/GJ)	RENDIMIENTO MEDIO
Calefacción	16.320.632,81	1082,81	66,35	87%

RENDIMIENTO	% USO SECTOR	SUSTITUCIÓN TOTAL (GJ)	EMISIONES MIX MEDIO (kt CO2 eq)	% MEJORA
90%	38,67%	15.815.555,38	1.049,30	-3,09%

COMERCIAL E INSTITUCIONAL

SERVICIO DE USO	CONSUMO (GJ)	EMISIONES (kt CO2 eq)	FACTOR EMISIÓN IMPLÍCITO (kg/GJ)	RENDIMIENTO MEDIO
Calefacción	7.773.749,99	492,23	63,32	95%

RENDIMIENTO	% USO SECTOR	SUSTITUCIÓN TOTAL (GJ)	EMISIONES MIX MEDIO (kt CO2 eq)	% MEJORA
90%	57,39%	8.179.565,65	517,93	5,22%

CALDERA DE CONDENSACIÓN

Las calderas que reaprovechan el calor latente del agua para conseguir mayores rendimientos y eficiencias también se encuentran presentes en los dos grupos del sector. A su vez, el equipo se considera también aplicable para la obtención de agua caliente sanitaria, por lo que se calcula su potencial contribución en este servicio y en todo el sector RCI. Su grado de implantación es considerable pero alejado de las calderas convencionales; tendencia que se espera vaya remitiendo con la evolución tecnológica por sus rendimientos por encima incluso del 100%. Se han considerado rendimientos diferentes de la caldera de condensación para el caso de calefacción (η=100%) o para ACS (η=109%) donde se considera más efectiva al calentar directamente el agua y no considerar una difusión posterior del calor.

Tabla 23. **Ficha tecnológica caldera de condensación para calefacción**

Caldera de condensación				
RESIDENCIAL				
SERVICIO DE USO	**CONSUMO (GJ)**	**EMISIONES (kt CO2 eq)**	**FACTOR EMISIÓN IMPLÍCITO (kg/GJ)**	**RENDIMIENTO MEDIO**
Calefacción	16.320.632,81	1082,81	66,35	87%
RENDIMIENTO	**% USO SECTOR**	**SUSTITUCIÓN TOTAL (GJ)**	**EMISIONES MIX MEDIO (kt CO2 eq)**	**% MEJORA**
100%	3,70%	14.203.999,84	944,37	-12,79%
COMERCIAL E INSTITUCIONAL				
SERVICIO DE USO	**CONSUMO (GJ)**	**EMISIONES (kt CO2 eq)**	**FACTOR EMISIÓN IMPLÍCITO (kg/GJ)**	**RENDIMIENTO MEDIO**
Calefacción	7.773.749,99	492,23	63,32	95%
RENDIMIENTO	**% USO SECTOR**	**SUSTITUCIÓN TOTAL (GJ)**	**EMISIONES MIX MEDIO (kt CO2 eq)**	**% MEJORA**
100%	5,49%	7.361.609,08	466,13	-5,30%

El nivel de madurez de esta tecnología está todavía en fase de crecimiento. Su uso se está promoviendo con medidas legales que ayuden a instaurar mayormente este equipo en viviendas para las necesidades de calefacción de carácter individual sobre todo. El avance tecnológico y la renovación de equipos permitirá que su uso supere al de las calderas convencionales en un futuro. Respecto a la situación actual, poseen un potencial de mejora de las emisiones del sector residencial si se empleara exclusivamente la caldera de condensación de un 12,79%. Este porcentaje de mejora se reduce en el caso de la calefacción del sector comercial e institucional (5,30%) por el mayor rendimiento medio de este servicio en esa infraestructura. Con estos valores se visualiza que el mayor potencial de estos equipos está más restringido al uso individual en residencias. Dentro de las tecnologías de uso de combustibles fósiles con gas natural, la caldera de condensación es la que mejores prestaciones ofrece.

Tabla 24. **Ficha tecnológica caldera de condensación para ACS**

Caldera de condensación				
RESIDENCIAL				
SERVICIO DE USO	CONSUMO (GJ)	EMISIONES (kt CO2 eq)	FACTOR EMISIÓN IMPLÍCITO (kg/GJ)	RENDIMIENTO MEDIO
ACS	9.864.889,24	606,6	61,49	99,41%
RENDIMIENTO	% USO SECTOR	SUSTITUCIÓN TOTAL (GJ)	EMISIONES MIX MEDIO (kt CO2 eq)	% MEJORA
109%	0,49%	8.996.550,34	553,2	-8,80%
COMERCIAL E INSTITUCIONAL				
SERVICIO DE USO	CONSUMO (GJ)	EMISIONES (kt CO2 eq)	FACTOR EMISIÓN IMPLÍCITO (kg/GJ)	RENDIMIENTO MEDIO
ACS	992.102,15	72,66	73,24	108,94%
RENDIMIENTO	% USO SECTOR	SUSTITUCIÓN TOTAL (GJ)	EMISIONES MIX MEDIO (kt CO2 eq)	% MEJORA
109%	1,20%	991.587,45	72,62	-0,05%

Las potenciales mejoras no superan en valores elevados la situación actual, debido también a los elevados rendimientos medios que imperan en el ACS. La mejora en el ámbito residencial (8,80%) sigue siendo superior a la del sector comercial e institucional (0,05%) que apenas equipara el escenario actual. No obstante, es de los pocos equipos que emplean combustibles fósiles con una eficiencia a considerar que permiten la sustitución de equipos durante la transición tecnológica hacia la electrificación.

BOMBA DE CALOR REVERSIBLE

La primera tecnología considerada que no emplea combustibles fósiles para su funcionamiento es la bomba de calor reversible, que mediante electricidad y un diseño termodinámico adecuado logra cumplir sus funciones de calentar tanto el aire ambiente como el agua de uso personal. Su grado de implantación todavía bajo, pero con un crecimiento exponencial en las nuevas instalaciones, convierte a esta tecnología en útil y de gran potencial en ambos sectores de edificación.

Tabla 25. **Ficha tecnológica bomba de calor reversible para calefacción**

Bomba de calor Reversible			
RESIDENCIAL			
SERVICIO DE USO	CONSUMO (GJ)	EMISIONES (kt CO2 eq)	RENDIMIENTO MEDIO
Calefacción	16.320.632,81	1082,81	87%
RENDIMIENTO		% USO SECTOR	SUSTITUCIÓN TOTAL (GJ)
210%		2,30%	6.778.095,16
%MEJORA POLÍTICAS ACTUALES	%MEJORA DESCARBONIZACIÓN	%MEJORA AVANCE ACELERADO	%MEJORA ESTANCAMIENTO SECULAR
-79,59%	-92,30%	-82,84%	-72,54%

COMERCIAL E INSTITUCIONAL			
SERVICIO DE USO	CONSUMO (GJ)	EMISIONES (kt CO2 eq)	RENDIMIENTO MEDIO
Calefacción	7.773.749,99	492,23	95%
RENDIMIENTO		% USO SECTOR	SUSTITUCIÓN TOTAL (GJ)
210%		3,41%	3.505.528,13
%MEJORA POLÍTICAS ACTUALES	%MEJORA DESCARBONIZACIÓN	%MEJORA AVANCE ACELERADO	%MEJORA ESTANCAMIENTO SECULAR
-76,78%	-91,24%	-80,47%	-68,76%

La bomba de calor tiene un potencial de implantación mayor en grandes superficies. La mayor demanda tanto de calor como de frío y la posibilidad de poder disponer de las dos con el mismo equipo hace que su futuro se ligue a las nuevas instalaciones para grandes espacios principalmente. En la próxima década se ha estimado que en el sector terciario se cubrirán las necesidades de climatización de entre un 30-40% de los edificios mediante bombas de calor (Deloitte, 2019). Su grado de madurez es aún potenciable, pero su alta eficiencia y rendimientos (con valores muy por encima del 100%), así como su bajo consumo, posibilitan que su crecimiento sea acelerado. No implica que no sea igualmente interesante para el sector residencial, de hecho, su potencial de mejora en el sector residencial con los mismos escenarios para 2030 es ligeramente superior a los estimados para el comercial e institucional. Únicamente que la inversión se recupera en más tiempo por las menores necesidades de los hogares y el menor potencial económico. Sin centrarse en el factor económico, se reducirían las emisiones del sector RCI asociadas a la calefacción entre un 70% en el peor de los casos y más de un 90% en los mejores escenarios las emisiones contaminantes en el sector RCI si toda la calefacción se efectuara con bombas de calor en el año 2030.

Tabla 26.   *Ficha tecnológica bomba de calor para ACS*

Bomba de calor			
RESIDENCIAL			
SERVICIO DE USO	CONSUMO (GJ)	EMISIONES (kt CO2 eq)	RENDIMIENTO MEDIO
ACS	9.864.889,24	606,6	99,41%
RENDIMIENTO	% USO SECTOR		SUSTITUCIÓN TOTAL (GJ)
260%	4,00%		3.771.630,72
%MEJORA POLÍTICAS ACTUALES	%MEJORA DESCARBONIZACIÓN	%MEJORA AVANCE ACELERADO	%MEJORA ESTANCAMIENTO SECULAR
-79,72%	-92,35%	-82,95%	-72,73%
COMERCIAL E INSTITUCIONAL			
SERVICIO DE USO	CONSUMO (GJ)	EMISIONES (kt CO2 eq)	RENDIMIENTO MEDIO
ACS	992.102,15	72,66	108,94%
RENDIMIENTO	% USO SECTOR		SUSTITUCIÓN TOTAL (GJ)
260%	9,79%		415.703,97
%MEJORA POLÍTICAS ACTUALES	%MEJORA DESCARBONIZACIÓN	%MEJORA AVANCE ACELERADO	%MEJORA ESTANCAMIENTO SECULAR
-81,34%	-92,96%	-84,31%	-74,91%

Del mismo modo que los rendimientos en la caldera de condensación variaban según el servicio al que hiciera frente, en la bomba de calor se ha procedido de la misma manera considerando que la efectividad de transmisión de calor es mayor para el uso de ACS que para calefacción. De este modo se aumenta también el rendimiento medio del servicio de ACS, pues la tasa de empleo de la bomba de calor también es mayor en contribución. Teniendo en cuenta que este servicio tiene aproximadamente 10 veces mayor consumo en el apartado residencial, los valores de mejora absoluta más relevantes serán también los de este grupo, aunque en cada escenario posean prácticamente el mismo potencial de mejora en ambos sectores. En este caso tampoco se baja del 70% de reducción de emisiones para 2030 en el escenario más desfavorable y por encima del 90% en el óptimo, por lo que la bomba de calor siempre va a ser una opción tecnológica viable y recomendada.

BOMBA DE CALOR NO REVERSIBLE

La versión de la bomba de calor únicamente destinada a la obtención de calor posee peores rendimientos que la reversible y un desarrollo muy similar a ésta. No se ha considerado su implantación en el apartado comercial e institucional, aparte de que el consumo total de calefacción es el doble en las viviendas, se asume que las necesidades de climatización de edificios del sector servicios incluye tanto calor como frío.

Tabla 27. **Ficha tecnológica bomba de calor no reversible para calefacción**

Bomba de calor No reversible			
RESIDENCIAL			
SERVICIO DE USO	**CONSUMO (GJ)**	**EMISIONES (kt CO2 eq)**	**RENDIMIENTO MEDIO**
Calefacción	16.320.632,81	1082,81	87%
RENDIMIENTO	**% USO SECTOR**		**SUSTITUCIÓN TOTAL (GJ)**
200%	4,16%		7.116.999,92
%MEJORA POLÍTICAS ACTUALES	**%MEJORA DESCARBONIZACIÓN**	**%MEJORA AVANCE ACELERADO**	**%MEJORA ESTANCAMIENTO SECULAR**
-78,57%	-91,91%	-81,98%	-71,17%

ÓSCAR PÉREZ HUERTAS

El potencial de renovación tecnológica con bombas de calor no reversibles también es elevado y solo podría diferir de las reversibles por factores económicos ligados al usuario. La reducción de emisiones que se alcanzaría en el sector residencial a la hora de calefactar solo con bombas de calor no reversibles está por encima del 70% para los escenarios del 2030. Para ciudades o climas donde las necesidades de calefacción sean mayores que las de refrigeración (o no se crea necesario refrigerar) se presenta como un equipo perfectamente válido en el ámbito residencial principalmente.

Radiador/convector/acumulador eléctrico

Las bombas de calor que se han analizado en el apartado anterior son dispositivos eléctricos que obtienen rendimientos muy elevados para la obtención de calor, pero se puede comprobar que no es lo habitual. El empleo de equipos eléctricos basados en resistencias térmicas para la obtención de calor no es un proceso de mucha eficacia, en este caso en torno al 40%. El proceso parece redundante, pues un alto porcentaje de la energía eléctrica ha sido obtenida por procesos de quema de combustibles que, además, desprenden calor. Volver a emplear esa electricidad para producir calor, sobre todo con el mix energético actual, no implica un nivel de desarrollo tecnológico adecuado. Estos dispositivos radiantes de calor tienen un grado de madurez alto y existen desde hace tiempo en el mercado, habiendo alcanzado una tasa de implantación alta en viviendas como elemento de calefacción auxiliar. No se considera la potencialidad de estos equipos en el sector comercial e institucional por sus características más adecuadas a pequeños espacios.

Tabla 28. *Ficha tecnológica del radiador/convector/acumulador eléctrico para calefacción*

Radiador/convector/acumulador eléctrico			
RESIDENCIAL			
SERVICIO DE USO	CONSUMO (GJ)	EMISIONES (kt CO2 eq)	RENDIMIENTO MEDIO
Calefacción	16.320.632,81	1082,81	87%
RENDIMIENTO		% USO SECTOR	SUSTITUCIÓN TOTAL (GJ)
40%		15,47%	35.584.999,61
%MEJORA POLÍTICAS ACTUALES	%MEJORA DESCARBONIZACIÓN	%MEJORA AVANCE ACELERADO	%MEJORA ESTANCAMIENTO SECULAR
7,17%	-59,56%	-9,90%	44,14%

El rendimiento de estos equipos eléctricos de calefacción no es muy elevado, de hecho la normativa establece que tengan un mínimo de eficiencia energética únicamente del 38% para equipos fijos. Su uso se ve focalizado en necesidades puntuales de calefacción complementaria para la primaria, aun así significa el 15% de las tecnologías calefactoras en viviendas. Si el sector completo de las residencias empleara estos aparatos para la calefacción interior, se estaría empeorando la situación actual en un 7,17% con las políticas actuales y en un 44,14% si hubiera un estancamiento secular del sistema. Ese retroceso es producto de la combinación del bajo rendimiento del equipo y del mix eléctrico en esos escenarios, pues en los casos de descarbonización o de avance tecnológico acelerado se estaría mejorando en un 59,56% y un 9,90% respectivamente en 2030. Por lo tanto, se trata de una tecnología ampliamente instaurada pero que con el mix eléctrico actual y los escenarios previstos para 2030 no supone en todos los casos una mejora sustancial clara de las emisiones en el sector residencial.

ÓSCAR PÉREZ HUERTAS

CALEFACTOR/RADIADOR ELÉCTRICO PORTÁTIL

Los sistemas puntuales de calefacción eléctrica portátiles tienen un uso extendido en el sector residencial por su gran utilidad y confort. Si los equipos eléctricos fijos no se consideran de uso potencial en el sector comercial e institucional, en el caso de los equipos móviles parece incluso más razonable no incluirlos. Resulta curioso que los calefactores eléctricos portátiles sean más eficientes que los fijos, pero la obtención de mayores potencias instantáneas cerca del equipo frente al mayor poder de difusión hace a los equipos portátiles más óptimos en la calefacción.

Tabla 29.   Ficha tecnológica calefactor/radiador eléctrico portátil para calefacción

Calefactor/radiador eléctrico portátil			
RESIDENCIAL			
SERVICIO DE USO	CONSUMO (GJ)	EMISIONES (kt CO2 eq)	RENDIMIENTO MEDIO
Calefacción	16.320.632,81	1082,81	87%
RENDIMIENTO		% USO SECTOR	SUSTITUCIÓN TOTAL (GJ)
61%		5,85%	23.486.099,74
%MEJORA POLÍTICAS ACTUALES	%MEJORA DESCARBONIZACIÓN	%MEJORA AVANCE ACELERADO	%MEJORA ESTANCAMIENTO SECULAR
-29,27%	-73,31%	-40,53%	-4,87%

La practicidad y versatilidad que ofrecen, ligado al bajo precio que tienen, hace de los equipos eléctricos portátiles de este estilo los más demandados en su nicho de calefacción auxiliar o complementaria en viviendas. No son aparatos que hayan evolucionado mucho desde que se empezaron a usar ya que su mecanismo es muy simple, pero su grado de madurez es total. Como sistemas de apoyo a la calefacción primaria cuentan con gran potencial dentro de los equipos eléctricos. Solo en el sector residencial, donde tienen su gran instauración, permitirían reducir en casi un 5% las

---

emisiones de calefacción con respecto a las actuales para el peor escenario de 2030. En los supuestos más optimistas, la reducción en emisiones se sitúa entre un 30% y un 73% de las actuales.

CALEFACTOR/RADIADOR PORTÁTIL NO ELÉCTRICO

Como los equipos portátiles presentan unas ventajas a los usuarios que equipos de calefacción con instalación no pueden cubrir, el uso de éstos todavía sigue imperando. En casos residenciales donde el uso de electricidad está más restringido o las prestaciones no sean adecuadas, los equipos portátiles de combustión fósil (biomasa, leña, GLP, gas natural, etc.) ganan implantación. Existen equipos de esta tecnología utilizados comúnmente en terrazas y establecimientos del sector terciario, pero dado el uso de combustibles fósiles y que se suelen emplear al aire libre no resulta lógico promoverlos en un futuro, por lo que solo se analiza el caso residencial, aunque resulta equivalente para el comercial e institucional.

Tabla 30. Ficha tecnológica calefactor/radiador portátil no eléctrico para calefacción

Calefactor/radiador portátil No eléctrico				
RESIDENCIAL				
SERVICIO DE USO	CONSUMO (GJ)	EMISIONES (kt CO2 eq)	FACTOR EMISIÓN IMPLÍCITO (kg/GJ)	RENDIMIENTO MEDIO
Calefacción	16.320.632,81	1082,81	66,35	87%
RENDIMIENTO	% USO SECTOR	SUSTITUCIÓN TOTAL (GJ)	EMISIONES MIX MEDIO (kt CO2 eq)	% MEJORA
75%	7,14%	18.978.666,46	1.259,16	16,29%

De las tecnologías para calefacción, ésta sin duda es la más antigua de todas y la que por tradición se mantiene todavía en la actualidad. Su tasa de implantación en el sector es todavía alta para un sistema que emplea combustibles fósiles y no se considera calefacción primaria, pero su rendimiento y gran poder calorífico son sus fuertes. Si la tendencia fuera opuesta a lo normal y se implantaran todos los sistemas de calefacción con equipos de este estilo, se estaría empeorando en las emisiones en un 16,29% en el sector residencial.

PANELES SOLARES

El caso de las energías renovables resulta un poco difícil de evaluar y cuantificar respecto a las emisiones, pues si la tasa de emisión derivada del uso de renovables es a priori 0, el potencial de mejora del servicio empleando exclusivamente estas tecnologías es del 100%. Pero no resulta realista ni convincente mostrar ese supuesto. Los paneles solares emplean electricidad para su funcionamiento y poseen rendimientos de transformación de energía solar en energía eléctrica, por lo que el estudio se realiza con los mismos supuestos que para los equipos eléctricos. Todos los equipos que empleen energías renovables poseen mayores potenciales de desarrollo tecnológico y su estudio debe enfocarse a cuantos más sectores mejor, por lo que se evalúa su potencialidad en el servicio de calefacción para todo el sector RCI. Su eficiencia en el servicio de calefacción es todavía mejorable.

Tabla 31. **Ficha tecnológica paneles solares para calefacción**

Paneles solares			
RESIDENCIAL			
SERVICIO DE USO	**CONSUMO (GJ)**	**EMISIONES (kt CO2 eq)**	**RENDIMIENTO MEDIO**
Calefacción	16.320.632,81	1082,81	87%
RENDIMIENTO	**% USO SECTOR**		**SUSTITUCIÓN TOTAL (GJ)**
30%	1,15%		47.446.666,14
%MEJORA POLÍTICAS ACTUALES	**%MEJORA DESCARBONIZACIÓN**	**%MEJORA AVANCE ACELERADO**	**%MEJORA ESTANCAMIENTO SECULAR**
42,90%	-46,08%	20,13%	92,19%

COMERCIAL E INSTITUCIONAL			
SERVICIO DE USO	CONSUMO (GJ)	EMISIONES (kt CO2 eq)	RENDIMIENTO MEDIO
Calefacción	7.773.749,99	492,23	95%
RENDIMIENTO		% USO SECTOR	SUSTITUCIÓN TOTAL (GJ)
30%		1,70%	24.538.696,94
%MEJORA POLÍTICAS ACTUALES	%MEJORA DESCARBONIZACIÓN	%MEJORA AVANCE ACELERADO	%MEJORA ESTANCAMIENTO SECULAR
62,57%	-38,65%	36,68%	118,66%

Las energías renovables van a ir ganando más peso en la evolución tecnológica en los hogares y negocios. Las placas solares para calefacción de viviendas se sitúan como una de las tecnologías de mayor interés para reducir los gases de efecto invernadero a la vez que se consiguen altas eficiencias. Actualmente todavía están en proceso de crecimiento y parecen más ligadas a casos concretos de viviendas independientes. Su bajo rendimiento ligado a la necesidad eléctrica de la mayoría de los equipos no la dotan de una reducción de emisiones sustancial en el sector residencial de cara a 2030. El uso masivo de paneles solares mejoraría solo la situación de emisiones contaminantes en el escenario de completa descarbonización para 2030 con entorno a un 40% de reducción para el sector RCI completo. En todos los demás supuestos se empeora la situación drásticamente pero no implica que la tecnología sea poco adecuada, solamente posee todavía bajos rendimientos y poca implantación que le ayude a crecer en el servicio de la calefacción. Estos valores son poco significativos si el uso fuera totalmente renovable y la tecnología mejorase su rendimiento exponencialmente como se prevé que lo haga; no obstante, permiten visualizar la necesidad de acelerar las medidas y el desarrollo tecnológico en el caso de los paneles solares.

Tabla 32.   ***Ficha tecnológica paneles solares para ACS***

Paneles solares			
RESIDENCIAL			
SERVICIO DE USO	CONSUMO (GJ)	EMISIONES (kt CO2 eq)	RENDIMIENTO MEDIO
ACS	9.864.889,24	606,6	99,41%
RENDIMIENTO	% USO SECTOR		SUSTITUCIÓN TOTAL (GJ)
55%	0,12%		17.829.527,04
%MEJORA POLÍTICAS ACTUALES	%MEJORA DESCARBONIZACIÓN	%MEJORA AVANCE ACELERADO	%MEJORA ESTANCAMIENTO SECULAR
-4,14%	-63,83%	-19,42%	28,92%
COMERCIAL E INSTITUCIONAL			
SERVICIO DE USO	CONSUMO (GJ)	EMISIONES (kt CO2 eq)	RENDIMIENTO MEDIO
ACS	992.102,15	72,66	108,94%
RENDIMIENTO	% USO SECTOR		SUSTITUCIÓN TOTAL (GJ)
55%	0,29%		1.965.146,04
%MEJORA POLÍTICAS ACTUALES	%MEJORA DESCARBONIZACIÓN	%MEJORA AVANCE ACELERADO	%MEJORA ESTANCAMIENTO SECULAR
-11,80%	-66,72%	-25,85%	18,62%

La situación en el servicio de ACS es algo más positiva con los paneles solares. El rendimiento se incrementa para este uso con agua calentada directamente por el sol, aunque su implantación es muy poco significativa en los edificios madrileños. Hasta que no se consiga cubrir la totalidad de la demanda energética con sistemas solares, estos equipos contarán con menor instalación que otros sistemas más contaminantes. Si para calefactar ambientes con paneles solo existía un supuesto escenario favorable, para ACS solo se da un hipotético escenario desfavorable para 2030. En el caso de un estancamiento secular tecnológico y de todo el servicio de ACS cubierto exclusivamente por paneles solares, se estaría hablando de un empeoramiento en las emisiones del 28,92% en viviendas y de un 18,62% en edificios comerciales e institucionales. El resto de escenarios para 2030 permiten mejorar la situación desde un 4,14% en los hogares con las políticas actuales, hasta un 66,72% de reducción de emisiones si se da una completa descarbonización.

La situación de estos equipos, a priori de energía renovable, debe relegarse más bien al uso de paneles solares fotovoltaicos para la obtención directa de electricidad. A la vista está la poca rentabilidad que se obtiene con este sistema para la obtención de servicios caloríficos. Mientras su rendimiento y eficiencia no mejore, su implantación se antoja más complicada.

GEOTÉRMICA

Otro caso de tecnología basada en una fuente renovable es la geotermia, en este caso empleada para la calefacción de edificios. Sus componentes necesitan de aporte eléctrico para funcionar por lo que se estudia como tecnología eléctrica con los escenarios correspondientes. Aún se encuentra en fase de desarrollo y con implantaciones muy escasas que se esperan vayan aumentando para edificios de nuestra construcción dada la instalación que conlleva. Dado el carácter renovable que ofrece como fuente energética inagotable parece razonable calcular su potencialidad de mejora de la situación actual tanto en el sector residencial como el comercial e institucional. Ofrece unos rendimientos altos para el grado de madurez que presenta originados principalmente por el aporte continuo de energía que puede facilitar sin depender de factores climáticos externos. Como tecnología para emplear durante el periodo de transición energética en sustitución de equipos no presenta facilidades de instalación ni mejoras significativas de aporte calorífico en calefacción.

ÓSCAR PÉREZ HUERTAS

Tabla 33. *Ficha tecnológica geotermia para calefacción*

Geotérmica			
RESIDENCIAL			
SERVICIO DE USO	CONSUMO (GJ)	EMISIONES (kt CO2 eq)	RENDIMIENTO MEDIO
Calefacción	16.320.632,81	1082,81	87%
RENDIMIENTO	% USO SECTOR		SUSTITUCIÓN TOTAL (GJ)
75%	4,35%		18.978.666,46
%MEJORA POLÍTICAS ACTUALES	%MEJORA DESCARBONIZACIÓN	%MEJORA AVANCE ACELERADO	%MEJORA ESTANCAMIENTO SECULAR
-42,84%	-78,43%	-51,95%	-23,12%
COMERCIAL E INSTITUCIONAL			
SERVICIO DE USO	CONSUMO (GJ)	EMISIONES (kt CO2 eq)	RENDIMIENTO MEDIO
Calefacción	7.773.749,99	492,23	95%
RENDIMIENTO	% USO SECTOR		SUSTITUCIÓN TOTAL (GJ)
75%	6,45%		9.815.478,78
%MEJORA POLÍTICAS ACTUALES	%MEJORA DESCARBONIZACIÓN	%MEJORA AVANCE ACELERADO	%MEJORA ESTANCAMIENTO SECULAR
-34,97%	-75,46%	-45,33%	-12,54%

De las energías renovables estudiadas, la geotermia puede ser la de menor grado de madurez en la actualidad. Tiene un alto potencial sobre todo en el campo de la calefacción, aunque requiere de mejoras tecnológicas que la hagan igual de competitiva que otros equipos. Para el año 2030, presenta unas reducciones de emisiones variables en todos los escenarios contemplados. En el ámbito residencial se pueden alcanzar reducciones de emisiones de más del 23% en el peor de los casos, probando la gran potencialidad que puede materializar. En el comercial e institucional, debido a las mayores demandas específicas por el espacio, la reducción de emisiones abarca entre un 12,54% y un 75% de mejora de GEI (directas e indirectas), ligeramente inferior al sector residencial. Se demuestra la gran opción tecnológica que ofrece la geotermia para calefacción, que se puede extrapolar del mismo modo a otros servicios en los cuales todavía tiene menor cabida, como ACS o refrigeración, donde otras tecnologías más eficientes e instauradas cubren más demanda.

COGENERACIÓN

La última tecnología empleada para calefacción es la cogeneración mediante calderas de gas natural para la obtención de energía calorífica y eléctrica. Pese al uso de combustibles fósiles contaminantes presenta muchas ventajas de confort y utilidad que la caracterizan como una opción muy válida para cubrir grandes demandas de energía en todo el sector RCI. Dada las posibilidades que ofrece se emplea también para el servicio de ACS y en ambos sectores. El grado de madurez de esta tecnología es grande, pues juega un papel fundamental en el mix de obtención de eléctrica a gran escala. Extrapolándolo a un nivel menor permite dar suministro térmico y eléctrico con un rendimiento cercano al 100%.

Tabla 34. **Ficha tecnológica de la cogeneración para calefacción**

Cogeneración				
RESIDENCIAL				
SERVICIO DE USO	CONSUMO (GJ)	EMISIONES (kt CO2 eq)	FACTOR EMISIÓN IMPLÍCITO (kg/GJ)	RENDIMIENTO MEDIO
Calefacción	16.320.632,81	1082,81	66,35	87%
RENDIMIENTO	% USO SECTOR	SUSTITUCIÓN TOTAL (GJ)	EMISIONES MIX MEDIO (kt CO2 eq)	% MEJORA
98%	17,21%	14.524.489,64	963,65	-11,01%

COMERCIAL E INSTITUCIONAL				
SERVICIO DE USO	CONSUMO (GJ)	EMISIONES (kt CO2 eq)	FACTOR EMISIÓN IMPLÍCITO (kg/GJ)	RENDIMIENTO MEDIO
Calefacción	7.773.749,99	492,23	63,32	95%
RENDIMIENTO	% USO SECTOR	SUSTITUCIÓN TOTAL (GJ)	EMISIONES MIX MEDIO (kt CO2 eq)	% MEJORA
98%	25,56%	7.511.846,00	475,65	-3,37%

Es de las tecnologías más maduras y fiables con una implantación amplia en el sector RCI, siendo mayor en el comercial e institucional por encima de una cuarta parte del suministro energético. Su evolución ha ayudado a hacerla más eficiente y rentable, incluso pudiendo adaptarse a redes inteligentes del tipo Smart grid y reducir pérdidas y emisiones. Su uso se justifica más en el sector servicios, pero solo en el residencial con calderas de este tipo se tiene un potencial de reducción de emisiones del 11%. En este caso de calefacción central, parece lógico emplear también la cogeneración para el agua caliente sanitaria. El porcentaje de mejora se reduce hasta el 3,37% en el sector comercial e institucional por el mayor rendimiento medio del servicio de ACS, pero es aquí donde ofrece mejores prestaciones por la tipología de edificios. Por su uso de combustibles de carácter contaminante se espera que su uso se reduzca.

Tabla 35. ***Ficha tecnológica caldera de condensación para ACS***

Cogeneración				
RESIDENCIAL				
SERVICIO DE USO	CONSUMO (GJ)	EMISIONES (kt CO2 eq)	FACTOR EMISIÓN IMPLÍCITO (kg/GJ)	RENDIMIENTO MEDIO
ACS	9.864.889,24	606,6	61,49	99,41%
RENDIMIENTO	% USO SECTOR	SUSTITUCIÓN TOTAL (GJ)	EMISIONES MIX MEDIO (kt CO2 eq)	% MEJORA
98%	2,80%	10.006.367,22	615,30	1,43%

<table>
<tr><th colspan="5">COMERCIAL E INSTITUCIONAL</th></tr>
<tr><th>SERVICIO DE USO</th><th>CONSUMO (GJ)</th><th>EMISIONES (kt CO2 eq)</th><th>FACTOR EMISIÓN IMPLÍCITO (kg/GJ)</th><th>RENDIMIENTO MEDIO</th></tr>
<tr><td>ACS</td><td>992.102,15</td><td>72,66</td><td>73,24</td><td>108,94%</td></tr>
<tr><th>RENDIMIENTO</th><th>% USO SECTOR</th><th>SUSTITUCIÓN TOTAL (GJ)</th><th>EMISIONES MIX MEDIO (kt CO2 eq)</th><th>% MEJORA</th></tr>
<tr><td>98%</td><td>6,85%</td><td>1.102.888,08</td><td>80,78</td><td>11,17%</td></tr>
</table>

La cogeneración no va a ser la tecnología de carácter contaminante cuyo uso se busque disminuir en primer lugar. De hecho, tiene sentido que sea de las últimas en desaparecer con la transición tecnológica hacia la electrificación, pues permite cubrir altas demandas con eficiencias y rendimientos elevados. Su uso en el servicio de ACS está más que justificado, pero su implantación masiva para satisfacer toda la demanda energética implicaría un empeoramiento tanto en sector residencial (1,43%) como en el comercial e institucional (11,17%). Por suerte su uso está menos extendido en este servicio, que además posee rendimientos medios elevados que hacen difícil que una tecnología no electrificada pueda ofrecer una mejora al sistema.

Caldera colectiva

El primer equipo considerado exclusivamente para el servicio de ACS es el conocido como caldera colectiva de gas natural destinada al uso comunitario o centralizado. Como había diferentes casos de este tipo de calderas para calefacción se ha indicado como una tecnología aparte para el uso como ACS. Dentro del sector RCI representa el equipo más repartido en cuanto al servicio de agua caliente se refiere. Las unidades comunitarias representan casi una tercera parte de las tecnologías de ACS en las viviendas y casi tres cuartas partes en el comercial e institucional, pensando en el uso tan demandado de este servicio por parte de hospitales, alojamientos o centros deportivos. Su rendimiento es elevado para aprovechar al máximo el consumo de combustibles fósiles. Al igual que con otras tecnologías contaminantes pero ampliamente utilizadas por los usuarios, su renovación tecnológica será más lenta y se sustituirán de manera muy progresiva. Se tiene que considerar que este tipo de tecnologías da servicio a muchas personas a la vez e implica la decisión de varias partes a la hora de poder emprender una sustitución de gran calibre.

Tabla 36. **Ficha tecnológica caldera colectiva para ACS**

Caldera colectiva

RESIDENCIAL

SERVICIO DE USO	CONSUMO (GJ)	EMISIONES (kt CO2 eq)	FACTOR EMISIÓN IMPLÍCITO (kg/GJ)	RENDIMIENTO MEDIO
ACS	9.864.889,24	606,6	61,49	99,41%

RENDIMIENTO	% USO SECTOR	SUSTITUCIÓN TOTAL (GJ)	EMISIONES MIX MEDIO (kt CO2 eq)	% MEJORA
98%	30,03%	10.006.367,22	615,30	1,43%

COMERCIAL E INSTITUCIONAL

SERVICIO DE USO	CONSUMO (GJ)	EMISIONES (kt CO2 eq)	FACTOR EMISIÓN IMPLÍCITO (kg/GJ)	RENDIMIENTO MEDIO
ACS	992.102,15	72,66	73,24	108,94%

RENDIMIENTO	% USO SECTOR	SUSTITUCIÓN TOTAL (GJ)	EMISIONES MIX MEDIO (kt CO2 eq)	% MEJORA
98%	73,51%	1.102.888,08	80,78	11,7%

Además de la alta tasa de utilización en ambos sectores para el servicio de ACS, se trata de una tecnología muy consolidada. El impacto sobre el sector residencial y el comercial e institucional asumiendo únicamente el empleo de calderas colectivas sería prácticamente equivalente. Si la variación porcentual en las emisiones del sector residencial empeoraría un 1,43% asumiendo que toda la demanda se cubre con calderas colectivas, en el comercial e institucional lo haría un 11,7%, es decir, unas 10 veces peor. No obstante, la cantidad de GJ a los que tiene que hacer frente en el ámbito residencial es también 10 veces mayor a la del comercial e institucional. En definitiva, cada sector acaba contribuyendo en más o menos la misma cantidad global de kilotoneladas de CO_2 equivalente (entre 8 y 9 kt CO_2) pese a que porcentualmente resulta peor la contribución en el ámbito comercial e institucional. Pese a ser claramente una tecnología contaminante, no es de los sistemas que peor escenario presenta, ligado también a su gran contribución al servicio ACS y a su alto rendimiento.

CALDERA INDIVIDUAL

Los equipos individuales gozan de gran implantación en el campo residencial por la autonomía que presentan y las buenas eficiencias que poseen. Más de la mitad de las calderas destinadas a agua caliente sanitaria en los hogares son de este tipo. Su aplicación en el ámbito comercial e institucional no se considera por la poca viabilidad que presenta un equipo de pequeñas prestaciones de cara al futuro y que emplea combustibles fósiles.

Tabla 37.   *Ficha tecnológica caldera individual de gas natural para ACS*

Caldera individual				
RESIDENCIAL				
SERVICIO DE USO	**CONSUMO (GJ)**	**EMISIONES (kt CO2 eq)**	**FACTOR EMISIÓN IMPLÍCITO (kg/GJ)**	**RENDIMIENTO MEDIO**
ACS	9.864.889,24	606,6	61,49	99,41%
RENDIMIENTO	**% USO SECTOR**	**SUSTITUCIÓN TOTAL (GJ)**	**EMISIONES MIX MEDIO (kt CO2 eq)**	**% MEJORA**
92%	51,91%	10.658.956,38	655,43	8,05%

Las calderas individuales son de diferentes tipos y permiten diversos combustibles, considerando en este caso los fósiles contaminantes. Afrontar un cambio de caldera en una única vivienda se presenta como una renovación más plausible de realizar que una de carácter colectivo que implique más factores e individuos. La tendencia del sector residencial al uso de calderas para el ACS no parece decrecer en los últimos años. Si por alguna razón, el bloque entero de servicio de ACS en residencias se suministrara con calderas de tipo individual, se estaría infiriendo en un 8,05% de emisiones adicionales a las correspondientes actualmente para el mismo sector y servicio. Dado

ÓSCAR PÉREZ HUERTAS

el alto consumo de este grupo en concreto, este porcentaje equivale a unas 50 kt de CO_2 equivalente arrojadas de más a la atmósfera, hecho que no se debe permitir de ningún modo.

CALDERA DE GASÓLEO

La distinción de este tipo concreto de caldera se realiza por el uso de un combustible que abarca gran número de consumos y emisiones derivadas. Solo se aborda el caso de utilización en el sector residencial donde apenas alcanza un 1% de representación. Su uso se liga a viviendas antiguas sin instalación canalizada de gas natural, de tipo unifamiliar y empleando bombonas de gasóleo.

Tabla 38. **Ficha tecnológica de la caldera de gasóleo para ACS**

Caldera de gasóleo				
RESIDENCIAL				
SERVICIO DE USO	**CONSUMO (GJ)**	**EMISIONES (kt CO2 eq)**	**FACTOR EMISIÓN IMPLÍCITO (kg/GJ)**	**RENDIMIENTO MEDIO**
ACS	9.864.889,24	606,6	61,49	99,41%
RENDIMIENTO	**% USO SECTOR**	**SUSTITUCIÓN TOTAL (GJ)**	**EMISIONES MIX MEDIO (kt CO2 eq)**	**% MEJORA**
97%	1,04%	10.109.525,64	621,64	2,48%

El empeoramiento de las emisiones del sector residencial de un 2,48% en el supuesto de emplear exclusivamente calderas de gasóleo para ACS confirma la necesidad de erradicar tecnologías de este fundamento.

CALDERA ELÉCTRICA

Las calderas destinadas al calentamiento de agua para uso personal o calefacción emplean normalmente combustibles fósiles por la transformación directa que su combustión ofrece. En el caso de calderas de tipo eléctrico y carácter individual sucede el mismo proceso redundante que en casos anteriores, donde para obtener la electricidad de la red ya se han empleado combustibles fósiles en el mix eléctrico y volver a destinar esa electricidad para la obtención de calor implica pérdidas. Por esta razón el rendimiento ligado a este tipo de equipos eléctricos para la obtención de agua caliente sanitaria no es muy elevado, hecho que cambiaría si la obtención de electricidad fuera más renovable. Se emplean en todo el sector, con diferente tasa de implantación, pero es el equipo eléctrico de carácter no renovable de menor rendimiento en la obtención de ACS. Porcentualmente son más empleadas en el ámbito comercial e institucional que en residencial, donde otros equipos eléctricos le ganan terreno. Esta tecnología no cuenta con un grado de madurez excesivo, pero su empleo de electricidad posibilita su desarrollo hacia equipos más eficientes y que permitan mejores prestaciones.

Tabla 39.   ***Ficha tecnológica de la caldera eléctrica para ACS***

Caldera eléctrica			
RESIDENCIAL			
SERVICIO DE USO	CONSUMO (GJ)	EMISIONES (kt CO2 eq)	RENDIMIENTO MEDIO
ACS	9.864.889,24	606,6	99,41%
RENDIMIENTO	% USO SECTOR		SUSTITUCIÓN TOTAL (GJ)
39%	3,41%		25.144.204,80
%MEJORA POLÍTICAS ACTUALES	%MEJORA DESCARBONIZACIÓN	%MEJORA AVANCE ACELERADO	%MEJORA ESTANCAMIENTO SECULAR
35,18%	-48,99%	13,65%	81,81%

COMERCIAL E INSTITUCIONAL			
SERVICIO DE USO	CONSUMO (GJ)	EMISIONES (kt CO2 eq)	RENDIMIENTO MEDIO
ACS	992.102,15	72,66	108,94%

RENDIMIENTO	% USO SECTOR	SUSTITUCIÓN TOTAL (GJ)
39%	8,35%	2.771.359,80

%MEJORA POLÍTICAS ACTUALES	%MEJORA DESCARBONIZACIÓN	%MEJORA AVANCE ACELERADO	%MEJORA ESTANCAMIENTO SECULAR
24,38%	-53,07%	4,57%	67,29%

Su bajo rendimiento, en comparación con el resto del servicio de ACS, implica una reducción en la cantidad de emisiones en torno al 50% si solo se emplearan calderas eléctricas en el 2030 en el escenario de la descarbonización. Para el resto de escenarios más probables de cara a la próxima década, no representaría una mejora de las tecnologías existentes ni en residencial ni en el comercial e institucional, siendo este último sector donde tendría un menor impacto negativo y un mayor positivo.

TERMO ELÉCTRICO

Un equipo que mejora el funcionamiento de la caldera eléctrica al incorporar un depósito acumulador es el termo eléctrico. Posee un rendimiento elevado y un uso extendido en los hogares, aunque su servicio se limite al volumen que lleva incorporado y los tiempos de espera. Sistemas eléctricos con altos rendimientos para la obtención de calor permiten aprovechar al máximo el consumo de electricidad sin que el mix eléctrico repercuta muy negativamente. Contribuyen como tecnología de transición entre los sistemas más obsoletos y los que más proyección de futuro tienen, pues no se necesita una instalación de agua grande y su uso se amortiza rápido. No se aconseja su uso indefinido y permanente por la incomodidad que presenta al consumirse toda el agua del depósito. Por eso no se aborda su implantación en el sector comercial e institucional.

Tabla 40.   *Ficha tecnológica termo eléctrico para ACS*

Termo eléctrico			
RESIDENCIAL			
SERVICIO DE USO	**CONSUMO (GJ)**	**EMISIONES (kt CO2 eq)**	**RENDIMIENTO MEDIO**
ACS	9.864.889,24	606,6	99,41%
RENDIMIENTO	**% USO SECTOR**		**SUSTITUCIÓN TOTAL (GJ)**
99%	6,09%		9.905.292,80
%MEJORA POLÍTICAS ACTUALES	**%MEJORA DESCARBONIZACIÓN**	**%MEJORA AVANCE ACELERADO**	**%MEJORA ESTANCAMIENTO SECULAR**
-46,75%	-79,91%	-55,23%	-28,38%

Desde un punto de vista tecnológico, el termo eléctrico ofrece soluciones en el ámbito residencial para la reducción de emisiones en el 2030 sea cual sea el escenario. Incluso en el peor de los casos, al sustituir el servicio completo de ACS por termos eléctricos se consigue una reducción de emisiones del 28,38%. Valor que se incrementa hasta casi un 80% menos de emisiones de CO_2 equivalente en el sector residencial por parte del ACS.

ESTUFA

Las hidroestufas o termoestufas empleadas para calentamiento de agua de uso personal no están muy extendidas en las viviendas de la capital, pero su caso se considera. Son equipos que requieren de instalación de tuberías y mantenimiento de la estufa de combustión, que suele emplear biomasa para disminuir la carga contaminante. Poseen un elevado rendimiento, pero su uso se liga más a casos especiales y que no tienen posibilidad de desarrollo tecnológico hacia un mix eléctrico 100% libre de emisiones contaminantes. La posibilidad de nuevas construcciones con este tipo de instalación se considera prácticamente nula.

Estufa				
RESIDENCIAL				
SERVICIO DE USO	**CONSUMO (GJ)**	**EMISIONES (kt CO2 eq)**	**FACTOR EMISIÓN IMPLÍCITO (kg/GJ)**	**RENDIMIENTO MEDIO**
ACS	9.864.889,24	606,6	61,49	99,41%
RENDIMIENTO	**% USO SECTOR**	**SUSTITUCIÓN TOTAL (GJ)**	**EMISIONES MIX MEDIO (kt CO2 eq)**	**% MEJORA**
97%	0,11%	10.109.525,64	621,64	2,48%

El empeoramiento de la situación actual en un 2,48% de las emisiones empleando solo hidroestufas confirma que el uso de esta tecnología basada en combustión de biomasa no aporta soluciones a la descarbonización del mix eléctrico en 2030.

AIRE ACONDICIONADO

La tecnología más habitual en el servicio de refrigeración es el aire acondicionado de instalación fija. Las necesidades de climatizar los espacios interiores son muy diferentes entre el sector residencial y el comercial e institucional, donde este último abarca la gran cantidad del consumo de este servicio. Son equipos con rendimientos muy elevados, ya que el proceso de obtención de frío posee otro criterio para la nomenclatura de su alta eficiencia. Los componentes que forman los sistemas de aire acondicionado se alimentan eléctricamente, aunque luego se rijan por ciclos termodinámicos. En términos globales, la refrigeración no abarca la misma cantidad de consumos energéticos que otros servicios, pero son igualmente necesarios para el control de la temperatura. Al ser fijos requieren de instalación por lo que se realizan a la vez que el edificio y pocas veces como sustitución, ya que es una tecnología bastante madura y que cuenta con otras más competitivas actualmente.

Tabla 42.   *Ficha tecnológica aire acondicionado para refrigeración*

Aire acondicionado

RESIDENCIAL

SERVICIO DE USO	CONSUMO (GJ)	EMISIONES (kt CO2 eq)	RENDIMIENTO MEDIO
Refrigeración	712.176,03	63,83	454%

RENDIMIENTO	% USO SECTOR	SUSTITUCIÓN TOTAL (GJ)
500%	70,35%	646.413,70

%MEJORA POLÍTICAS ACTUALES	%MEJORA DESCARBONIZACIÓN	%MEJORA AVANCE ACELERADO	%MEJORA ESTANCAMIENTO SECULAR
-66,97%	-87,54%	-72,23%	-55,58%

COMERCIAL E INSTITUCIONAL

SERVICIO DE USO	CONSUMO (GJ)	EMISIONES (kt CO2 eq)	RENDIMIENTO MEDIO
Refrigeración	4.559.595,02	408,72	447%

RENDIMIENTO	% USO SECTOR	SUSTITUCIÓN TOTAL (GJ)
500%	70,35%	4.072.903,85

%MEJORA POLÍTICAS ACTUALES	%MEJORA DESCARBONIZACIÓN	%MEJORA AVANCE ACELERADO	%MEJORA ESTANCAMIENTO SECULAR
-67,5%	-87,74%	-72,68%	-56,29%

Como cuentan con la misma tasa de instauración en ambos sectores, porcentualmente alcanzan prácticamente los mismos valores de mejora en la reducción de emisiones para cada escenario del 2030. Son tecnologías muy eficientes en este servicio y su instalación se presupone irá aumentando, más aún conociendo que conseguirían reducir en más de un 55% las emisiones contaminantes actuales en 2030. Se destinan mayormente a edificios de grandes necesidades de climatización.

AIRE ACONDICIONADO PORTÁTIL

Las unidades portátiles son mayormente empleadas en viviendas, excluyendo su uso en edificios del sector terciario por su menor capacidad de cubrir grandes superficies. El sector residencial cuenta con menor contribución total de consumo al servicio de refrigeración, por lo que globalmente no tendrá el mismo peso que otras medidas. Emplean también electricidad como fuente de alimentación y con consumos algo mayores que los equipos de instalación fija.

Tabla 43. **Ficha tecnológica aire acondicionado portátil para refrigeración**

Aire acondicionado portátil			
RESIDENCIAL			
SERVICIO DE USO	**CONSUMO (GJ)**	**EMISIONES (kt CO2 eq)**	**RENDIMIENTO MEDIO**
Refrigeración	712.176,03	63,83	454%
RENDIMIENTO	**% USO SECTOR**		**SUSTITUCIÓN TOTAL (GJ)**
400%	9,00%		808.017,12
%MEJORA POLÍTICAS ACTUALES	**%MEJORA DESCARBONIZACIÓN**	**%MEJORA AVANCE ACELERADO**	**%MEJORA ESTANCAMIENTO SECULAR**
-58,72%	-84,42%	-65,29%	-44,48%

Al tratarse de un servicio puramente eléctrico y con tecnologías de altísimos rendimientos, las posibilidades de mejora pasan por el mix de generación eléctrica. Todos los escenarios contemplados para 2030, en los que se sustituiría por completo la refrigeración con equipos portátiles, reducen las emisiones actuales desde un 44,48% hasta un 84,42%. Dentro de la refrigeración es el equipo más sencillo y sin instalación, por lo que para necesidades puntuales o periodos de transición a otros medios todavía mejores se trata de una solución muy válida.

BOMBA DE CALOR EN FRÍO

Si la bomba de calor ya contaba con elevados rendimientos en la obtención de calor, posee todavía mayores eficiencias en la producción de frío. Actualmente es el único equipo de refrigeración que se instala, por lo que su tasa de uso se irá incrementando a medida que avance la renovación tecnológica. Posee mayor implantación en los edificios del sector comercial e institucional, donde los cambios de equipos se presuponen más continuos. El grado de madurez tecnológico empieza a afianzarse, aunque todavía está alejado de los equipos de aire acondicionado que imperan en el sector. Los componentes internos emplean electricidad para realizar el ciclo térmico eficientemente, por lo que se estudian los escenarios para 2030 con el mix eléctrico. Normalmente las bombas de calor en frío son equipos reversibles que también permiten el funcionamiento como calefacción. Como la contribución global de consumo es mayor en el comercial e institucional, los valores porcentuales imperan más en ese sector.

Tabla 44. **Ficha tecnológica bomba de calor en frío para refrigeración**

Aire acondicionado			
RESIDENCIAL			
SERVICIO DE USO	**CONSUMO (GJ)**	**EMISIONES (kt CO2 eq)**	**RENDIMIENTO MEDIO**
Refrigeración	712.176,03	63,83	454%
RENDIMIENTO		**% USO SECTOR**	**SUSTITUCIÓN TOTAL (GJ)**
320%		20,65%	1.010.021,40
%MEJORA POLÍTICAS ACTUALES	**%MEJORA DESCARBONIZACIÓN**	**%MEJORA AVANCE ACELERADO**	**%MEJORA ESTANCAMIENTO SECULAR**
-48,40%	-80,53%	-56,62%	-30,59%

COMERCIAL E INSTITUCIONAL			
SERVICIO DE USO	CONSUMO (GJ)	EMISIONES (kt CO2 eq)	RENDIMIENTO MEDIO
Refrigeración	4.559.595,02	408,72	447%
RENDIMIENTO	% USO SECTOR		SUSTITUCIÓN TOTAL (GJ)
320%	29,65%		6.363.912,26
%MEJORA POLÍTICAS ACTUALES	%MEJORA DESCARBONIZACIÓN	%MEJORA AVANCE ACELERADO	%MEJORA ESTANCAMIENTO SECULAR
-49,22%	-80,84%	-57,31%	-31,71%

La bomba de calor en frío es el equipo que más se instala pese a poseer el rendimiento más bajo de las tecnologías de refrigeración, hecho que pone de manifiesto otros factores más allá del tecnológico que condicionan su utilización. Como todo el servicio de refrigeración emplea electricidad y tiene un rendimiento medio alto, la tecnología que menor eficiencia presente será la que menor mejora en la cantidad de emisiones presente. Todos los escenarios en 2030 que contemplen el uso masivo de bombas de calor en frío para refrigeración del sector RCI presentarán una reducción de emisiones desde el 30% hasta el 80% con respecto a la situación actual.

COCINA ELÉCTRICA

El primer tipo de cocina es la más simple de todas, valiéndose de la electricidad para transformarla en calor directamente, proceso que se ha visto poco eficiente en otros servicios. Su uso actual se debe a la elevada duración de los sistemas de cocina, pues no suelen sustituirse a no ser que se estropeen y esta tecnología fue de las primeras de tipo eléctrico que se emplearon. No se instalan en la actualidad por lo que es cuestión de tiempo y renovación tecnológica que vayan desapareciendo poco a poco de los hogares madrileños. Para las necesidades del sector comercial e institucional, esta tecnología sí ha sido ya sustituida por completo por otras eléctricas más eficientes y con mejores resultados.

Tabla 45. **Ficha tecnológica cocina eléctrica para cocina**

Cocina eléctrica			
RESIDENCIAL			
SERVICIO DE USO	**CONSUMO (GJ)**	**EMISIONES (kt CO2 eq)**	**RENDIMIENTO MEDIO**
Cocina	5.025.369,87	396,37	63%
RENDIMIENTO	**% USO SECTOR**		**SUSTITUCIÓN TOTAL (GJ)**
60%	24,84%		5.254.233,59
%MEJORA POLÍTICAS ACTUALES	**%MEJORA DESCARBONIZACIÓN**	**%MEJORA AVANCE ACELERADO**	**%MEJORA ESTANCAMIENTO SECULAR**
-56,77%	-83,69%	-63,66%	-41,86%

Su todavía alta tasa de uso en las viviendas con cerca de un cuarto del servicio y su alto rendimiento dentro del sector permiten que todavía sea una opción de mejora en la evolución tecnológica. Su uso comienza a reducirse, pero con cocinas únicamente eléctricas se llegaría a reducir en 2030 desde un 41% de las emisiones hasta un 83% en el mejor escenario.

COCINA DE GAS

La única tecnología puramente contaminante por el uso de gas natural cuenta con un grado de madurez e instauración suficiente como para tenerla en cuenta en todo el sector RCI. Con un rendimiento por encima de la media del servicio y un uso extendido mayormente en restaurantes y comercios se consigue una tecnología robusta de difícil reducción de utilización. En este caso existen factores más allá de los tecnológicos que influyen en el uso de cocinas de gas, que no debe olvidarse consumen combustibles fósiles. Es de los pocos sectores donde la diferencia de consumos globales entre el sector residencial y el comercial e institucional se reducen, por lo que influye que la cocina de gas se emplee en ambos.

ÓSCAR PÉREZ HUERTAS

Tabla 46. *Ficha tecnológica cocina de gas para cocina*

Cocina de gas				
RESIDENCIAL				
SERVICIO DE USO	**CONSUMO (GJ)**	**EMISIONES (kt CO2 eq)**	**FACTOR EMISIÓN IMPLÍCITO (kg/GJ)**	**RENDIMIENTO MEDIO**
Cocina	5.025.369,87	396,37	78,87	63%
RENDIMIENTO	**% USO SECTOR**	**SUSTITUCIÓN TOTAL (GJ)**	**EMISIONES MIX MEDIO (kt CO2 eq)**	**% MEJORA**
75%	21,39%	4.203.386,87	331,54	-16,36%
COMERCIAL E INSTITUCIONAL				
SERVICIO DE USO	**CONSUMO (GJ)**	**EMISIONES (kt CO2 eq)**	**FACTOR EMISIÓN IMPLÍCITO (kg/GJ)**	**RENDIMIENTO MEDIO**
Cocina	3.138.627,86	207,62	66,15	70%
RENDIMIENTO	**% USO SECTOR**	**SUSTITUCIÓN TOTAL (GJ)**	**EMISIONES MIX MEDIO (kt CO2 eq)**	**% MEJORA**
75%	65,12%	2.918.421,73	193,06	-7,02%

Debido al mix eléctrico actual con un alto factor de emisión contaminante, el uso de una tecnología puramente contaminante como es la cocina de gas no empeoraría la cantidad de gases emitidos a la atmósfera. Una instalación masiva de cocinas de gas en todo el sector RCI permitiría una reducción del 16,36% de emisiones en viviendas y de un 7,02% en comercios, además de mantener las prestaciones culinarias que el uso de cocinas de gas permite. Para alcanzar la completa descarbonización del sector es necesaria la reducción progresiva de las cocinas de gas, pero para el desarrollo tecnológico y su evolución progresiva no se necesita un cambio drástico en las instalaciones de cocinas.

Es la única tecnología a la cual se han atribuido dos tipos de combustibles diferentes como son la electricidad y el gas natural. Por lo tanto, su posible contribución se ha considerado por ambos métodos. Como principal sector de utilización está el residencial, con una escasa implantación pero que intenta reunir lo mejor de la cocina eléctrica y la de gas, aunque con un rendimiento menor.

Tabla 47. **Ficha tecnológica de cocina mixta de gas y electricidad para cocina**

Cocina mixta de gas y electricidad				
RESIDENCIAL				
SERVICIO DE USO	CONSUMO (GJ)	EMISIONES (kt CO2 eq)	FACTOR EMISIÓN IMPLÍCITO (kg/GJ)	RENDIMIENTO MEDIO
Cocina	5.025.369,87	396,37	78,87	63%
RENDIMIENTO	% USO SECTOR	SUSTITUCIÓN TOTAL (GJ)	EMISIONES MIX MEDIO (kt CO2 eq)	% MEJORA
70%	7,15%	4.503.628,79	355,22	-10,38%
%MEJORA POLÍTICAS ACTUALES	%MEJORA DESCARBONIZACIÓN	%MEJORA AVANCE ACELERADO	%MEJORA ESTANCAMIENTO SECULAR	
-62,95%	-86,02%	-68,85%	-50,16%	

Como uso de cocina de gas, la cocina mixta presenta también una mejora de las emisiones (10,38%), aunque menor que en el caso de solo gas. Los opuesto sucede con su homóloga solo eléctrica, donde el funcionamiento de la parte eléctrica de la cocina mixta obtiene reducciones de emisiones mayores debido a la evolución tecnológica con respecto al modelo antiguo. Su uso se está estancando, fruto de la obsolescencia de la cocina eléctrica y de las mejores prestaciones de la cocina de gas que se contrarrestan.

VITROCERÁMICA NORMAL

La vitrocerámica común es la tecnología de tipo eléctrico más empleada en los hogares para cocinar. En el sector comercial e institucional ocupan el segundo lugar por detrás de las de gas que permiten mayor velocidad de cocción. El rendimiento es menor de lo que se cree, pero sus mejoras tecnológicas implican más factores como la transferencia del calor o la seguridad. Su grado de madurez es muy alto, siendo todavía equipos que se instalan en viviendas y restaurantes pero que cuentan con nuevos competidores. El funcionamiento puramente eléctrico de esta tecnología ayuda a que la transición tecnológica del servicio la considere útil y una opción factible. El servicio de cocina cuenta con factores diferentes al tecnológico que pueden promover o reducir el uso de ciertos equipos sin que estos sean los más idóneos para el medio ambiente. En el caso de la vitrocerámica, se encuentra en una situación favorable por el alto nivel de satisfacción e implantación actual pero también de incertidumbre por las nuevas tecnologías que, a priori, mejoran sus prestaciones.

Tabla 48. **Ficha tecnológica vitrocerámica normal para cocina**

Vitrocerámica normal			
RESIDENCIAL			
SERVICIO DE USO	CONSUMO (GJ)	EMISIONES (kt CO2 eq)	RENDIMIENTO MEDIO
Cocina	5.025.369,87	396,37	63%
RENDIMIENTO	% USO SECTOR		SUSTITUCIÓN TOTAL (GJ)
50%	36,00%		6.305.080,31
%MEJORA POLÍTICAS ACTUALES	%MEJORA DESCARBONIZACIÓN	%MEJORA AVANCE ACELERADO	%MEJORA ESTANCAMIENTO SECULAR
-48,13%	-80,43%	-56,39%	-30,23%

COMERCIAL E INSTITUCIONAL			
SERVICIO DE USO	CONSUMO (GJ)	EMISIONES (kt CO2 eq)	RENDIMIENTO MEDIO
Cocina	3.138.627,86	207,62	70%
RENDIMIENTO		% USO SECTOR	SUSTITUCIÓN TOTAL (GJ)
50%		25,00%	4.377.632,60
%MEJORA POLÍTICAS ACTUALES	%MEJORA DESCARBONIZACIÓN	%MEJORA AVANCE ACELERADO	%MEJORA ESTANCAMIENTO SECULAR
-31,24%	-74,05%	-42,19%	-7,52%

Es en el sector residencial donde mayores reducciones de emisiones se obtienen con la utilización total de vitrocerámicas frente a otros equipos, por encima del 30% y hasta un 80% menos de emisiones contaminantes en 2030. En el ámbito comercial e institucional también se obtienen mejoras de la sustitución masiva por vitrocerámicas, aunque menores tanto porcentual (entre el 7% y el 74%) como globalmente. Su uso está más extendido en viviendas y, vistos los resultados, parece el sector más adecuado para su posible evolución tecnológica por delante del comercial e institucional.

COCINA DE INDUCCIÓN

La última evolución tecnológica en el ámbito de la cocina ha dado lugar a la cocina de inducción, empleando nuevos sistemas de obtención de calor pero alimentada eléctricamente. Su grado de implantación es aún bajo pero en continuo crecimiento, alcanzando mayores tasas de empleo en la parte comercial e institucional. Cuenta con el rendimiento más alto del servicio y la mayor potencialidad de contribuir a la transición tecnológica. No se está llevando a cabo una sustitución masiva a la cocina de inducción por la inversión que supone y la incapacidad de utilizar los mismos utensilios que en los demás tipos de cocina. Además, cuenta con cierto grado de incertidumbre debido a la novedad de su tecnología basada en el ferromagnetismo.

Tabla 49.   *Ficha tecnológica de cocina de inducción para cocina*

Cocina de inducción			
RESIDENCIAL			
SERVICIO DE USO	CONSUMO (GJ)	EMISIONES (kt CO2 eq)	RENDIMIENTO MEDIO
Cocina	5.025.369,87	396,37	63%
RENDIMIENTO	% USO SECTOR		SUSTITUCIÓN TOTAL (GJ)
85%	5,70%		3.708.870,77
%MEJORA POLÍTICAS ACTUALES	%MEJORA DESCARBONIZACIÓN	%MEJORA AVANCE ACELERADO	%MEJORA ESTANCAMIENTO SECULAR
-69,49%	-88,49%	-74,35%	-58,96%
COMERCIAL E INSTITUCIONAL			
SERVICIO DE USO	CONSUMO (GJ)	EMISIONES (kt CO2 eq)	RENDIMIENTO MEDIO
Cocina	3.138.627,86	207,62	70%
RENDIMIENTO	% USO SECTOR		SUSTITUCIÓN TOTAL (GJ)
85%	9,88%		2.575.078,00
%MEJORA POLÍTICAS ACTUALES	%MEJORA DESCARBONIZACIÓN	%MEJORA AVANCE ACELERADO	%MEJORA ESTANCAMIENTO SECULAR
-59,55%	-84,74%	-66,00%	-45,60%

Pese a tener una mayor tasa de uso en el sector comercial e institucional, es en el residencial donde los porcentajes de mejora de emisiones contaminantes se reducen en mayor cantidad. En comparación con el resto de tecnologías de la cocina, es la de mayor porcentaje de reducción de emisiones en ambos sectores y en todos los escenarios considerados. Por lo tanto, una transición tecnológica hacia 2030 con la cocina de inducción a la cabeza de las sustituciones de equipos de cocina resulta ampliamente beneficiosa tanto tecnológica como ambientalmente, donde se reducen entre un 45% y un 88% las emisiones actuales.

MIXTA DE VITROCERÁMICA E INDUCCIÓN

La combinación de las dos tecnologías eléctricas más desarrolladas de la cocina en un mismo equipo presenta las grandes oportunidades de la inducción y la seguridad que ofrece al vitrocerámica por su uso extendido. Esta cocina híbrida es más utilizada en el sector residencial como transición progresiva hacia la inducción pura, pero manteniendo los utensilios de la vitrocerámica. En el ámbito comercial e institucional no se considera su implantación por el carácter intermedio que en este sector se evita. La posibilidad de disponer de ambas tecnologías implica una reducción de rendimiento con respecto a los equipos por separado.

Tabla 50. *Ficha tecnológica cocina mixta de vitrocerámica e inducción para cocina*

Mixta de vitrocerámica e inducción			
RESIDENCIAL			
SERVICIO DE USO	**CONSUMO (GJ)**	**EMISIONES (kt CO2 eq)**	**RENDIMIENTO MEDIO**
Cocina	5.025.369,87	396,37	63%
RENDIMIENTO	**% USO SECTOR**		**SUSTITUCIÓN TOTAL (GJ)**
80%	4,92%		3.940.675,19
%MEJORA POLÍTICAS ACTUALES	**%MEJORA DESCARBONIZACIÓN**	**%MEJORA AVANCE ACELERADO**	**%MEJORA ESTANCAMIENTO SECULAR**
-67,58%	-87,77%	-72,74%	-56,39%

Es la tipología de cocina menos utilizada por su aparición reciente y su carácter transitorio dentro de la evolución tecnológica. Pese a todo ello, tiene una potencial

ÓSCAR PÉREZ HUERTAS

reducción de emisiones para 2030 muy similar porcentualmente a la cocina puramente de inducción (entre un 56% y un 87%). Si ya la cocina de inducción presentaba una evolución tecnológica muy favorable, los equipos mixtos pueden permitir una reducción del mismo calibre y manteniendo las facilidades que ofrece la vitrocerámica. El camino a seguir parece más marcado en el servicio de la cocina que en otros, pese al alto condicionante social y económico que presenta.

BOMBILLA ESTÁNDAR

La iluminación mediante bombillas estándar es la que más se tiene en mente a la hora de generar luz, pero su uso tiende a desaparecer tanto por ley como por prestaciones. No obstante, todavía cuentan con una alta contribución a la iluminación de las viviendas, asumiendo ya nula su aparición en edificios comerciales e institucionales. Su rendimiento, traduciendo el aporte lumínico por consumo a un valor porcentual, es el más bajo de la gama de bombillas existentes.

Tabla 51. **Ficha tecnológica bombilla estándar para iluminación**

Bombilla estándar			
RESIDENCIAL			
SERVICIO DE USO	CONSUMO (GJ)	EMISIONES (kt CO2 eq)	RENDIMIENTO MEDIO
Iluminación	2.574.221,55	230,75	59%
RENDIMIENTO	% USO SECTOR		SUSTITUCIÓN TOTAL (GJ)
15%	14,36%		10.145.264,56
%MEJORA POLÍTICAS ACTUALES	%MEJORA DESCARBONIZACIÓN	%MEJORA AVANCE ACELERADO	%MEJORA ESTANCAMIENTO SECULAR
43,38%	-45,90%	20,54%	92,84%

Al igual que en otras tecnologías eléctricas de rendimiento muy bajo, las bombillas convencionales solo podrían ser viables en un escenario de descarbonización total del mix eléctrico, donde se emplearan solo este tipo de bombillas y se reducirían en un 45% las emisiones actuales. En el resto de supuestos de implantación total de bombillas estándar en las viviendas para 2030 se estaría empeorando la situación gravemente, con un aumento de emisiones desde el 20% hasta un 93%. Es cuestión de tiempo, y que las bombillas comiencen a fallar, que este tipo de iluminación desaparezca.

BOMBILLA HALÓGENA

La bombilla halógena es la siguiente en la evolución natural desde la convencional, habiendo pasado también su etapa de gran crecimiento y encontrarse actualmente en la de desaparición. No irrumpió en el sector residencial con la misma proporción que su predecesora pese a tener mayor rendimiento lumínico. Su uso en el ámbito comercial e institucional tampoco se contempla, pues su fabricación ya no sigue y no tendría sentido implementarlas en edificios de este estilo.

Tabla 52. *Ficha tecnológica bombilla halógena para iluminación*

Bombilla halógena			
RESIDENCIAL			
SERVICIO DE USO	**CONSUMO (GJ)**	**EMISIONES (kt CO2 eq)**	**RENDIMIENTO MEDIO**
Iluminación	2.574.221,55	230,75	59%
RENDIMIENTO	**% USO SECTOR**		**SUSTITUCIÓN TOTAL (GJ)**
30%	5,79%		5.072.632,28
%MEJORA POLÍTICAS ACTUALES	**%MEJORA DESCARBONIZACIÓN**	**%MEJORA AVANCE ACELERADO**	**%MEJORA ESTANCAMIENTO SECULAR**
-28,31	-72,95%	-39,73%	-3,58%

Al contrario que con las estándar, las bombillas halógenas mejoran la situación actual en todos los escenarios para 2030. La disparidad en los porcentajes de mejora de las emisiones contaminantes según el escenario (entre un 3% y un 73%) no facilita la

ÓSCAR PÉREZ HUERTAS

posible proliferación nuevamente de estas bombillas por la incertidumbre que ello implica.

BOMBILLA DE BAJO CONSUMO

Uno de los últimos tipos de bombillas que ha afianzado su madurez es la de bajo consumo. Ampliamente utilizadas en el sector RCI poseen su principal nicho de uso en las viviendas. Todavía se emplean en edificios comercial e institucionales, donde la contribución en iluminación y su rendimiento es notablemente mayor que en viviendas por su tipología. El servicio de iluminación es el único en el cual el consumo de GJ es mayor en la parte comercial e institucional que en la residencial, donde siempre existía un mayor número de usuarios y personas haciendo uso del servicio. De este modo, las estimaciones más útiles en este caso podrían ser las del sector comercial e institucional. Con un rendimiento lumínico intermedio, las bombillas de bajo consumo se encuentran estancadas en uso por la proliferación de otros sistemas de iluminación más eficientes y menos peligrosos de desechar. Actualmente presentan cierta incertidumbre sobre su tendencia de uso.

Tabla 53. **Ficha tecnológica bombilla de bajo consumo para iluminación**

Bombilla de bajo consumo			
RESIDENCIAL			
SERVICIO DE USO	**CONSUMO (GJ)**	**EMISIONES (kt CO2 eq)**	**RENDIMIENTO MEDIO**
Iluminación	2.574.221,55	230,75	59%
RENDIMIENTO	**% USO SECTOR**		**SUSTITUCIÓN TOTAL (GJ)**
50%	27,43%		3.043.579,37
%MEJORA POLÍTICAS ACTUALES	**%MEJORA DESCARBONIZACIÓN**	**%MEJORA AVANCE ACELERADO**	**%MEJORA ESTANCAMIENTO SECULAR**
-56,99%	-83,77%	-63,84%	-42,15%

COMERCIAL E INSTITUCIONAL			
SERVICIO DE USO	CONSUMO (GJ)	EMISIONES (kt CO2 eq)	RENDIMIENTO MEDIO
Iluminación	3.988.730,08	357,55	75%

RENDIMIENTO	% USO SECTOR	SUSTITUCIÓN TOTAL (GJ)
50%	10,66%	5.989.888,70

%MEJORA POLÍTICAS ACTUALES	%MEJORA DESCARBONIZACIÓN	%MEJORA AVANCE ACELERADO	%MEJORA ESTANCAMIENTO SECULAR
-45,37%	-79,38%	-54,07%	-26,52%

Las bombillas de bajo consumo presentan un rendimiento y una utilización por debajo de la media del servicio de iluminación. No obstante, su implantación unánime en el sector residencial permitiría una reducción de emisiones para 2030 de mínimo un 42% en el peor de los casos. Estos porcentajes de mejora se reducen en el ámbito comercial e institucional, donde superan el 26% de minimización de emisiones. Esta tecnología permite una instalación mayoritaria en las viviendas frente a otros edificios, pero justamente en un servicio donde interesan reducir más emisiones en el comercial e institucional limita su poder de crecimiento.

Bombilla fluorescente

Las bombillas de bajo consumo son adaptaciones de lámparas fluorescentes de tamaño reducido para viviendas. Si antes se utilizaban más en el sector residencial, los tubos fluorescentes priorizan su utilización en el comercial e institucional donde mayor rendimiento se les puede obtener. Su rendimiento es igual o superior al de la media del servicio, por lo que su uso está más que justificado tecnológicamente. El nivel de madurez de este tipo de iluminación es muy grande y lleva tiempo instalándose, por lo que se presupone un crecimiento gradual con el tiempo. Nuevamente influyen factores ajenos a la tecnología que condicionan su implantación en ciertos edificios.

Tabla 54. **Ficha tecnológica bombilla fluorescente para iluminación**

Bombilla fluorescente			
RESIDENCIAL			
SERVICIO DE USO	CONSUMO (GJ)	EMISIONES (kt CO2 eq)	RENDIMIENTO MEDIO
Iluminación	2.574.221,55	230,75	59%
RENDIMIENTO	% USO SECTOR		SUSTITUCIÓN TOTAL (GJ)
75%	8,51%		2.029.052,91
%MEJORA POLÍTICAS ACTUALES	%MEJORA DESCARBONIZACIÓN	%MEJORA AVANCE ACELERADO	%MEJORA ESTANCAMIENTO SECULAR
-71,32%	-89,18%	-75,89%	-61,43%
COMERCIAL E INSTITUCIONAL			
SERVICIO DE USO	CONSUMO (GJ)	EMISIONES (kt CO2 eq)	RENDIMIENTO MEDIO
Iluminación	3.988.730,08	357,55	75%
RENDIMIENTO	% USO SECTOR		SUSTITUCIÓN TOTAL (GJ)
75%	34,35%		3.993.259,13
%MEJORA POLÍTICAS ACTUALES	%MEJORA DESCARBONIZACIÓN	%MEJORA AVANCE ACELERADO	%MEJORA ESTANCAMIENTO SECULAR
-63,58%	-86,26%	-69,38%	-51,01%

La comparativa entre la reducción de emisiones en el sector residencial y en el comercial e institucional permite ver que porcentualmente no hay unas diferencias muy notables entre los valores equivalentes de cada escenario para 2030. Pese al valor porcentual algo mayor de la parte residencial, el dato global de kilotoneladas de CO_2 equivalente no emitidas a la atmósfera es mucho mayor en el ámbito comercial e institucional. Al ser de las tecnologías más instauradas en los edificios comerciales, tiene sentido la mayor reducción que provocaría un uso unánime de tubos fluorescentes para la iluminación.

LED

El último tipo de tecnología de iluminación que ha aparecido es también el de mayor rendimiento lumínico y el de mayor porcentaje de uso, haciendo de las luces LED las mejores para el sector RCI. Su crecimiento exponencial debido a sus mejores prestaciones ha permitido que su grado de implantación sea el mayor del servicio. De consumo bajo y tecnología simple son las únicas bombillas con un rendimiento lumínico mayor al de la media de todo el sector RCI. Se instalan en todo tipo de edificios y pocas veces otro tipo de iluminación resulta más adecuada que las bombillas LED. El potencial de crecimiento es el mayor de todos los tipos de bombillas y la descarbonización acelerada del sector RCI en cuanto a iluminación pasa por instalar masivamente este tipo de lámparas.

Tabla 55. *Ficha tecnológica bombilla LED para iluminación*

Bombilla LED			
RESIDENCIAL			
SERVICIO DE USO	CONSUMO (GJ)	EMISIONES (kt CO2 eq)	RENDIMIENTO MEDIO
Iluminación	2.574.221,55	230,75	59%
RENDIMIENTO		% USO SECTOR	SUSTITUCIÓN TOTAL (GJ)
80%		43,91%	1.902.237,11
%MEJORA POLÍTICAS ACTUALES	%MEJORA DESCARBONIZACIÓN	%MEJORA AVANCE ACELERADO	%MEJORA ESTANCAMIENTO SECULAR
-73,12%	-89,86%	-77,40%	-63,84%

COMERCIAL E INSTITUCIONAL			
SERVICIO DE USO	CONSUMO (GJ)	EMISIONES (kt CO2 eq)	RENDIMIENTO MEDIO
Iluminación	3.988.730,08	357,55	75%
RENDIMIENTO	% USO SECTOR		SUSTITUCIÓN TOTAL (GJ)
80%	54,99%		3.743.680,44
%MEJORA POLÍTICAS ACTUALES	%MEJORA DESCARBONIZACIÓN	%MEJORA AVANCE ACELERADO	%MEJORA ESTANCAMIENTO SECULAR
-65,85%	-87,12%	-71,29%	-54,08%

El impedimento actual de su instalación masiva es el precio. Tecnológicamente presentan los mejores potenciales de reducción de emisiones para 2030, siendo el más bajo un 54% de reducción y el más alto un 90%. Nuevamente el valor porcentual de reducción es ligeramente superior en el ámbito residencial, pero comparando el valor absoluto de kilotoneladas de CO_2 equivalente ahorradas, es el sector comercial e institucional el que más gana con una sustitución total de iluminación LED.

ELECTRODOMÉSTICOS

El consumo eléctrico medio de estos equipos es lo que indica la eficiencia que poseen. En lugar de intentar estimar la reducción de emisiones con diferentes escenarios, se van a comparar los consumos medios anuales de los diferentes tipos de electrodomésticos más comunes en el sector RCI. La posibilidad de mejora está en ver si el equipo que el usuario posee actualmente (asumiendo un consumo medio anual del sector RCI) tiene un equipo más eficiente en consumo con la media del mercado actual. Los valores de consumos medios anuales por hogar de los electrodomésticos más comunes se han obtenido del Proyecto Sech-Spahousec de Análisis del consumo energético del sector residencial en España realizado por el IDAE[31]. Para la media de consumo del mercado se ha realizado un estudio propio de las distintas opciones y marcas más comunes para los mismos electrodomésticos y calcular una media aproximada del mismo. Algunas de estas marcas son: Balay, Beko, Bosch, Electrolux, Sony, LG, Samsung, Siemens, Teka, Whirlpool, Zanuzzi, etc[32].

Tabla 56. *Comparativa de consumos medios anuales de los electrodomésticos en las viviendas y de la media del mercado actual*

Electrodomésticos	Consumo Medio Anual Hogar (kWh)		Media Mercado (kWh)
Frigorífico	688	>	194
Congelador	427	>	264,5
Lavadora	240	>	174,6
Lavavajillas	253	>	245,7
Secadora	237	>	208,58
Horno	258	>	236,67
TV	144	>	142,5
Ordenador	188	>	150
Standby	231	>	202
Otros	95	>	90

La media de consumos reales de los electrodomésticos se observa claramente superior a la de los equipos más eficientes actualmente en el mercado. Con este sencillo barrido tecnológico y del catálogo existente se puede indicar que el avance tecnológico de estos equipos eléctricos está por encima de la media actual. Una sustitución gradual y

---

[31] https://www.idae.es/uploads/documentos/documentos_Informe_SPAHOUSEC_ACC_f68291a3.pdf 2012

[32] https://www.balay.es/ ; https://www.beko.com/ ; https://www.bosch-home.es/electrodomesticos ; https://www.electrolux.es/ ; https://www.sony.es/electronics/sistemas-entretenimiento-en-casa ; https://www.lg.com/es/electrodomesticos ; https://www.samsung.com/es/home-appliances/ ; https://www.siemens-home.bsh-group.com/es/ ; https://www.teka.com/es-es/ ; https://www.whirlpool.es/ ; https://www.zanussi.es/ ; https://www.kyeroo.com/ ; https://www.ocu.org/electrodomesticos# ; https://www.tien21.es/

ÓSCAR PÉREZ HUERTAS

progresiva, considerando la duración estimada de los electrodomésticos, permitiría un ahorro de consumo eléctrico a lo largo de los años. Ese ahorro en el consumo se traduciría en menores emisiones indirectas de kilotoneladas de CO_2 equivalente.

La media de consumo anual actual es tan alta por la poca renovación de electrodoméstico grandes, donde la diferencia en el consumo es mayor, y que implican un coste económico difícil de realizar por los usuarios. El sector residencial engloba la mayor parte del consumo de este servicio eléctrico, relegando un insignificante valor al comercial e institucional.

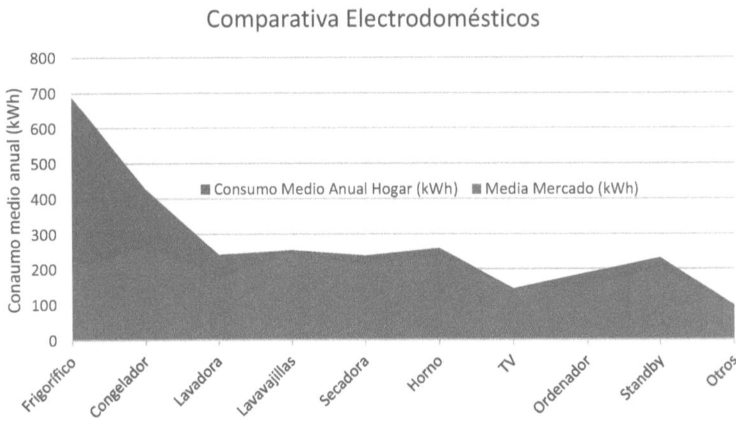

Figura 43. Gráfico de las diferencias en el consumo medio anual de electrodomésticos

Al tratarse de un sector tan heterogéneo, donde no todos los electrodomésticos enumerados se encuentran en las viviendas, se antoja difícil hacer una estimación de reducción de consumos más exacta o que infiera en emisiones contaminantes.

Capítulo 5

CONCLUSIONES Y LÍNEAS FUTURAS

Nuevos hallazgos

El camino marcado hacia la descarbonización progresiva del sector RCI indica claramente unas pautas generales. El problema derivado de esas pautas es sencillamente eso, su generalidad. El estudio sistemático de las emisiones y los consumos desagregados por usos y servicios que se ha realizado en este TFM permite desgranar por primera vez el potencial de distintas acciones que podrían abordarse específicamente para la ciudad de Madrid. Ese camino pasa por la electrificación, pero no quedaba claro dónde y cómo aplicarla específicamente para que la transición energética fuese la adecuada. Una vez realizado el proyecto, se disponen de más y mejores elementos para apoyar el diseño de planes y programas.

Apostar por la electrificación implica que, mientras el mix de generación eléctrico incluya fuentes de energía fósil, la descarbonización no será total. La mejora de este mix eléctrico condiciona enormemente las medidas tecnológicas estudiadas y su implantación para mejorar la situación actual.

El sector RCI debe conseguir una descarbonización mediante la reducción en el consumo, inherente al desarrollo tecnológico.

El servicio que ha dominado casi siempre en consumos y emisiones, tanto en el campo residencial como el comercial e institucional, ha sido la calefacción. En datos absolutos, la contribución residencial duplica a la comercial e institucional, pero porcentualmente dentro del sector poseen valores similares. Las tecnologías que más pueden aportar a la reducción de emisiones de este servicio no son las más utilizadas en la actualidad. La bomba de calor (ya sea reversible o no y apta para ACS) presenta la mayor capacidad de reducción de consumos y emisiones con uso eléctrico. Dentro de las tecnologías basadas en combustibles fósiles, la caldera de condensación es la opción más favorable. Las características de climas fríos en invierno, como el existente en la ciudad de Madrid, permiten la sustitución anticipada de equipos térmicos poco eficientes (calderas convencionales, individuales, de gasóleo, etc.) por calderas de condensación de gas natural mucho más eficaces. La implantación de estas calderas de alto rendimiento debería incrementarse, sobre todo en viviendas, hasta alcanzar un 30-40% de los equipos térmicos totales del municipio. Con el desarrollo de la bomba de calor, se debería alcanzar entorno a un 10% de tasa de uso en el servicio de calefacción de todo el sector RCI en 2030 (Deloitte, 2019).

Un factor diferencial es el clima tan marcado por estaciones del municipio de Madrid, donde las necesidades energéticas según la época del año varían enormemente. Las mismas medidas que pueden ser adecuadas para este caso no tienen por qué serlo para climas distintos, donde las condiciones cambian. Del mismo modo, la tipología de las viviendas (unifamiliares o en bloque) afecta en gran medida al dimensionamiento de las acciones de mejora, haciéndose casi específicas para cada edificio en el sector comercial e institucional.

El caso de los electrodomésticos en el sector residencial resulta ser uno de los grandes focos de actuación para la mejora energética. El etiquetado energético promueve el conocimiento de la eficiencia de los equipos, pero la gran mayoría se adquirió cuando aún no era obligatorio. La renovación de equipos por nuevos con mayores eficiencias (A+++) permite un ahorro energético y económico.

La heterogeneidad de los edificios del sector comercial e institucional es mayor que en residencial, agrupando oficinas, hospitales, comercios, restaurantes, centros educativos y otro tipo de servicios de diversa índole. Dentro de este reparto, los que mayor consumo presentan son las oficinas y los comercios, con más de un 65% del consumo energético entre ambos. A su vez, estos locales tienen sus consumos más destacados en los

   ÓSCAR PÉREZ HUERTAS

servicios de iluminación (1/3) y los de climatización (~50%) tanto de frío como de calor (ver anexo II para desagregación sector comercial e institucional según funcionalidad edificios).

Por las características tecnológicas de la bomba de calor, resulta una opción más que competitiva en grandes superficies con altas demandas como las del sector comercial e institucional. Este tipo de construcciones se disponen para la dualidad de la bomba de calor, pues la demanda de calefacción y refrigeración es relativamente mayor que en viviendas, donde solo se prioriza la calefacción. La inversión se compensa con el ahorro de consumo y la ausencia de barreras adicionales, pues en edificios de oficinas y comercios no es común la misma instalación de calefacción con radiadores o canalizaciones que en viviendas.

El otro servicio que implica grandes consumos en los edificios comerciales e institucionales es la iluminación. El potencial de reducción implica sustituir las bombillas a las de tipo LED (contribuyendo como mínimo un 50% al potencial máximo teórico de mejora de emisiones), con el mayor ahorro energético y de menores pérdidas de calor. Combinándolas con un sistema de control inteligente se alcanza todavía una reducción de las pérdidas mayor. Ya en la actualidad representa la opción más destacada para implantar en grandes superficies, buscando la implantación total de luces LED para el 2030 en estos edificios.

Una de las novedades que incluye el estudio es la consideración del BC en el inventario como sustancia potenciadora del efecto invernadero. Su inclusión no afecta a los resultados de manera significativa, pues se ha visto que el CO_2 engloba más del 95% de emisiones de GEI en todos los casos. En ciudades desarrolladas como Madrid, con cada vez menos uso de combustibles líquidos y carbón en el sector RCI, no representa una sustancia crucial para el estudio. Sí que resulta útil considerarla en situaciones de mayor consumo de combustibles que propician su aparición (gasóleo, carbón, etc.), aparte de en casos de emergencia que requieran una acción inmediata, pues su vida media es corta y más fácilmente controlable.

La situación del autoconsumo en el sector comercial e institucional cuenta con menores trabas logísticas que en el caso de las viviendas. Los emplazamientos adecuados con grandes áreas se multiplican en los edificios comerciales, teniendo acceso a mayores eficiencias energéticas. La radiación solar en Madrid no presenta las mejoras condiciones en comparación con otras climatologías españolas, pero una correcta aplicación en los edificios comerciales permitiría reducir hasta en un 25% el consumo eléctrico y, en consecuencia, de emisiones.

Tabla 57.   *Resumen de actuaciones recomendadas a efectuar en el sector RCI*

Residencial	Mejora en el uso Cambio de equipos térmicos Autoconsumo Rehabilitaciones Sustitución de equipos	▪ Sistemas de control de calefacción ▪ Cambio a bomba de calor ▪ Cambio a caldera de condensación ▪ Sustitución ventanas y cerramientos ▪ Mejora aislamientos fachada, cubierta y suelo ▪ Renovación electrodomésticos, iluminación y cocina ▪ Autoconsumo
Comercial e Institucional	Mejora en el uso Cambio de equipos térmicos Autoconsumo Rehabilitaciones Sustitución de equipos Mejora de la iluminación	▪ Sistemas de control de climatización ▪ Sistemas de control de iluminación ▪ Renovación equipos eléctricos e iluminación ▪ Cambio a bomba de calor ▪ Cambio de equipo por caldera de condensación ▪ Mejora de la eficiencia equipos térmicos (cogeneración) mediante sistemas complementarios ▪ Sustitución ventanas y cerramientos ▪ Mejora aislamientos fachada, cubierta y suelo ▪ Autoconsumo ▪ Automatización de puertas ▪ Otras actuaciones (renovación flota municipal)

Líneas futuras

El primer punto importante a resaltar son las limitaciones a las que se ve sometido el proyecto. El nivel de profundización del estudio es muy extenso, pudiendo abordar distintos caminos que se han dejado sin ampliar. Del mismo modo, en los ámbitos que se han estudiado y analizado, han faltado datos que se han terminado adaptando al escenario y que siempre son mejorables en su precisión. Los más significativos conciernen a los datos de partida del Inventario, pues contar con el último año natural (sin limitarse al 2017) maximizaría las opciones. El Ayuntamiento de Madrid cuenta con buenos y completos inventarios de todo tipo, pero el desconocimiento de otros valores necesarios para este estudio implica estimar datos de tipo nacional o regional al caso concreto del municipio. Algunas opciones para refinar el presente estudio y para incrementar la confianza en sus conclusiones son:

> Estudiar la sensibilidad del estudio a los valores de los Potenciales de Calentamiento Global con horizontes diferentes a los 20 o 100 años.

> Uniformidad en las fuentes de referencia de los datos de rendimientos porcentuales y tasa de uso de las tecnologías en cada sector.

> Ampliación en el nivel de desagregación de valores del sector comercial e institucional con el mismo grado de profundidad que el residencial (abordado por el documento (IDAE, 2011)).

> Reproducir este estudio con un nivel de desagregación mayor y no solo por servicios o fuentes de energía, pudiendo separar por tecnologías, distritos o edificios individualmente.

> Diseño de políticas y medidas de evaluación eficaces orientadas a la transición energética sin verse afectadas por estimaciones estadísticas de los consumos.

El otro enfoque futuro que se contempla es el, una vez realizado y conocidas las ventajas y limitaciones que aporta este documento, promover el desarrollo de estudios o proyectos que antes no contaban con esta información. Los usos para los que se podría aplicar abarcan un amplio espectro de campos, como son:

- Elaboración de escenarios futuros más precisos para la implantación de medidas económicas y políticas.

- Conocimiento de la diversidad tecnológica y de fuentes de energía alternativas existentes en el parque de la edificación para facilitar la selección más adecuada en la transición tecnológica.

- Extrapolación de este estudio a otras ciudades.

- Desarrollo de nuevas tecnologías o mejora de las más potenciales reductoras de emisiones no solo de tipo eléctrico (hidrogeneras, etc.)

- Estudiar en profundidad otro tipo de tecnologías emergentes no centradas en la electricidad (reservas de hidrógeno, metano sintético, etc.)

Muchas de las medidas más adecuadas que se puedan tomar se escapan a nuestro entendimiento, por eso se considera oportuno el uso de documentos e informes de este tipo por parte de los expertos en la materia.

La necesidad de hacer frente a un problema tan severo y mundial como el cambio climático implica estudiar más aspectos aparte del tecnológico. Solo con la tecnología expuesta en este proyecto no se resuelve el problema, pero es uno de los factores más diferenciales que permite abordar otros supuestos de manera razonable. El alcance de la solución puede englobar muchos aspectos que escapan al tecnológico, pero los más diferenciales son ambientales, sociales y económicos.

El nivel tecnológico existente para mejorar la sostenibilidad energética en las ciudades está perfectamente desarrollado y presenta un grado de madurez suficiente para su implementación, pero la evolución natural de las ciudades no es suficiente para cumplir los objetivos de emisiones y calidad del aire. Es entonces cuando se antojan necesarios cambios adicionales en la concienciación de las personas y en la propuesta de medidas.

Las medidas que se puedan adoptar en el sector residencial son más plausibles para el usuario, pero equivalentes a las que puedan aportar un efecto positivo en el ámbito comercial e institucional.

La concienciación social de emplear razonablemente los equipos tecnológicos sin malgastar su fuente de energía primaria aporta grandes resultados si se realiza de manera generalizada.

Las inversiones y ayudas que las tecnologías con energías renovables pudieran tener (eólica, solar) permitirían reducir la cantidad de emisiones e ir limitando el uso de tecnologías térmicas.

Con los avances en programación a la hora de comercializar electricidad, se eliminan intermediarios como los distribuidores de electricidad y se reducen costes. Al crear redes de igual a igual, se reducen las desigualdades e ineficiencias energéticas pudiendo comerciar directamente con otros consumidores.

Las redes de calor y frío, comúnmente conocidas como "District Heating & Cooling", centralizan de manera masiva la producción de calor y frío para distribuirla con una red de transporte de fluidos térmicos. Para los edificios conectados a este gran sistema, se satisface la demanda de calefacción, ACS y frío a la vez. Permite aumentar la eficiencia energética en la generación al incorporar todos los recursos posibles (energías renovables, recursos locales, sistemas de producción de alta eficiencia, etc.) potenciando en cada situación el más eficiente.

Las medidas económicas que se adopten acaban repercutiendo de manera más significativa en los hogares, donde hay un impacto directo entre los precios energéticos y el gasto. En el total del gasto, el mayor peso relativo lo sufrirían los hogares con menores ingresos, que se irían compensando con el tiempo en incrementos de la renta media para tener una progresión positiva. De otro modo, los casos más desfavorecidos no tendrían ni acceso a bienes necesarios e imprescindibles. Para ello se requieren nuevas medidas de financiación acordes a la vida útil de los usuarios: sistemas de financiación complementarios, bonificaciones fiscales, encuestas y estimaciones a gran escala, etc.

Al focalizarse en el sector de la edificación, las medidas legales deben ir orientadas a adaptaciones legislativas del Código Técnico de la Edificación y concretar la normativa de los nuevos edificios de consumo casi nulo. La obligatoriedad en el etiquetado de eficiencia energética de todos los edificios, así como mejorar el de los ya existentes, deben avanzar a mayor velocidad.

Una actividad tan sencilla como el reciclaje permitiría reducir la cantidad de emisiones emitidas durante el proceso de recuperación de materiales. Acompañada de una concienciación ciudadana a la hora de reducir en consumos, tanto energéticos como de recursos materiales, se avanzará más rápido hacia una transición tecnológica y ecológica libre de carbono gaseoso.

PRESUPUESTO Y PROGRAMACIÓN

ESTRUCTURA DE DESCOMPOSICIÓN DEL PROYECTO

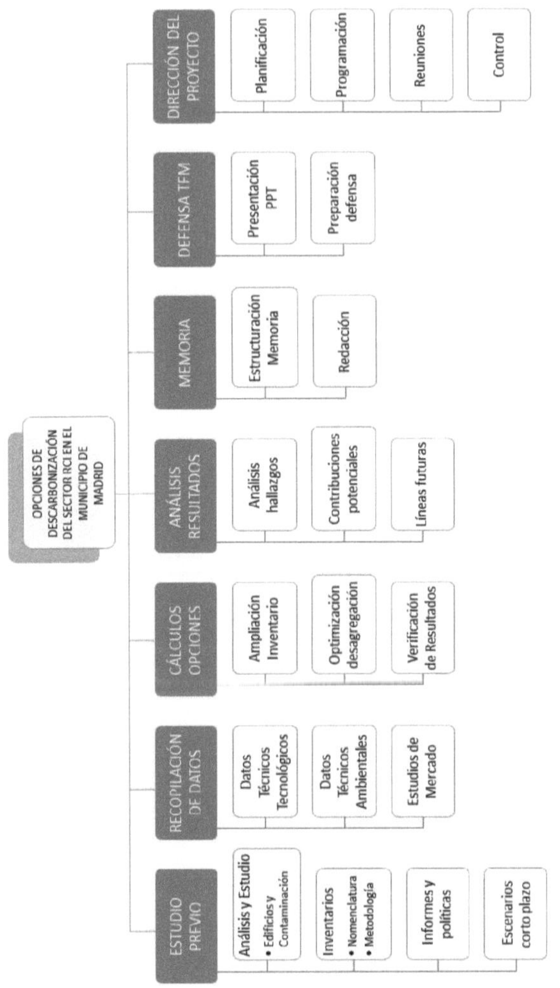

Figura 44. Estructura de Descomposición del Trabajo Fin de Máster

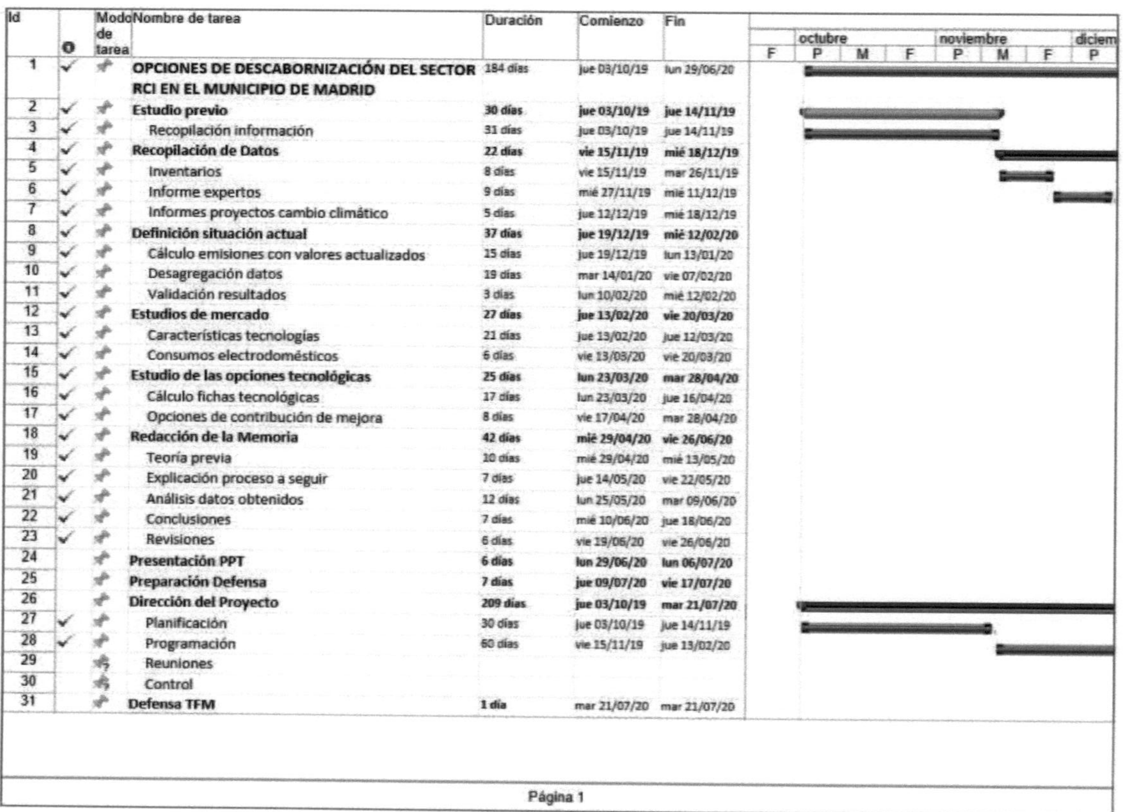

Id	ⓘ	Modo de tarea	Nombre de tarea	Duración	Comienzo	Fin
1	✓		**OPCIONES DE DESCABORNIZACIÓN DEL SECTOR RCI EN EL MUNICIPIO DE MADRID**	184 días	jue 03/10/19	lun 29/06/20
2	✓		**Estudio previo**	30 días	jue 03/10/19	jue 14/11/19
3	✓		Recopilación información	31 días	jue 03/10/19	jue 14/11/19
4	✓		**Recopilación de Datos**	22 días	vie 15/11/19	mié 18/12/19
5	✓		Inventarios	8 días	vie 15/11/19	mar 26/11/19
6	✓		Informe expertos	9 días	mié 27/11/19	mié 11/12/19
7	✓		Informes proyectos cambio climático	5 días	jue 12/12/19	mié 18/12/19
8	✓		**Definición situación actual**	37 días	jue 19/12/19	mié 12/02/20
9	✓		Cálculo emisiones con valores actualizados	15 días	jue 19/12/19	lun 13/01/20
10	✓		Desagregación datos	19 días	mar 14/01/20	vie 07/02/20
11	✓		Validación resultados	3 días	lun 10/02/20	mié 12/02/20
12	✓		**Estudios de mercado**	27 días	jue 13/02/20	vie 20/03/20
13	✓		Características tecnologías	21 días	jue 13/02/20	jue 12/03/20
14	✓		Consumos electrodomésticos	6 días	vie 13/03/20	vie 20/03/20
15	✓		**Estudio de las opciones tecnológicas**	25 días	lun 23/03/20	mar 28/04/20
16	✓		Cálculo fichas tecnológicas	17 días	lun 23/03/20	jue 16/04/20
17	✓		Opciones de contribución de mejora	8 días	vie 17/04/20	mar 28/04/20
18	✓		**Redacción de la Memoria**	42 días	mié 29/04/20	vie 26/06/20
19	✓		Teoría previa	10 días	mié 29/04/20	mié 13/05/20
20	✓		Explicación proceso a seguir	7 días	jue 14/05/20	vie 22/05/20
21	✓		Análisis datos obtenidos	12 días	lun 25/05/20	mar 09/06/20
22	✓		Conclusiones	7 días	mié 10/06/20	jue 18/06/20
23	✓		Revisiones	6 días	vie 19/06/20	vie 26/06/20
24			**Presentación PPT**	6 días	lun 29/06/20	lun 06/07/20
25			**Preparación Defensa**	7 días	jue 09/07/20	vie 17/07/20
26			**Dirección del Proyecto**	209 días	jue 03/10/19	mar 21/07/20
27	✓		Planificación	30 días	jue 03/10/19	jue 14/11/19
28	✓		Programación	60 días	vie 15/11/19	jue 13/02/20
29			Reuniones			
30			Control			
31			**Defensa TFM**	1 día	mar 21/07/20	mar 21/07/20

Figura 45. Diagrama de Gantt página 1 Trabajo Fin de Máster

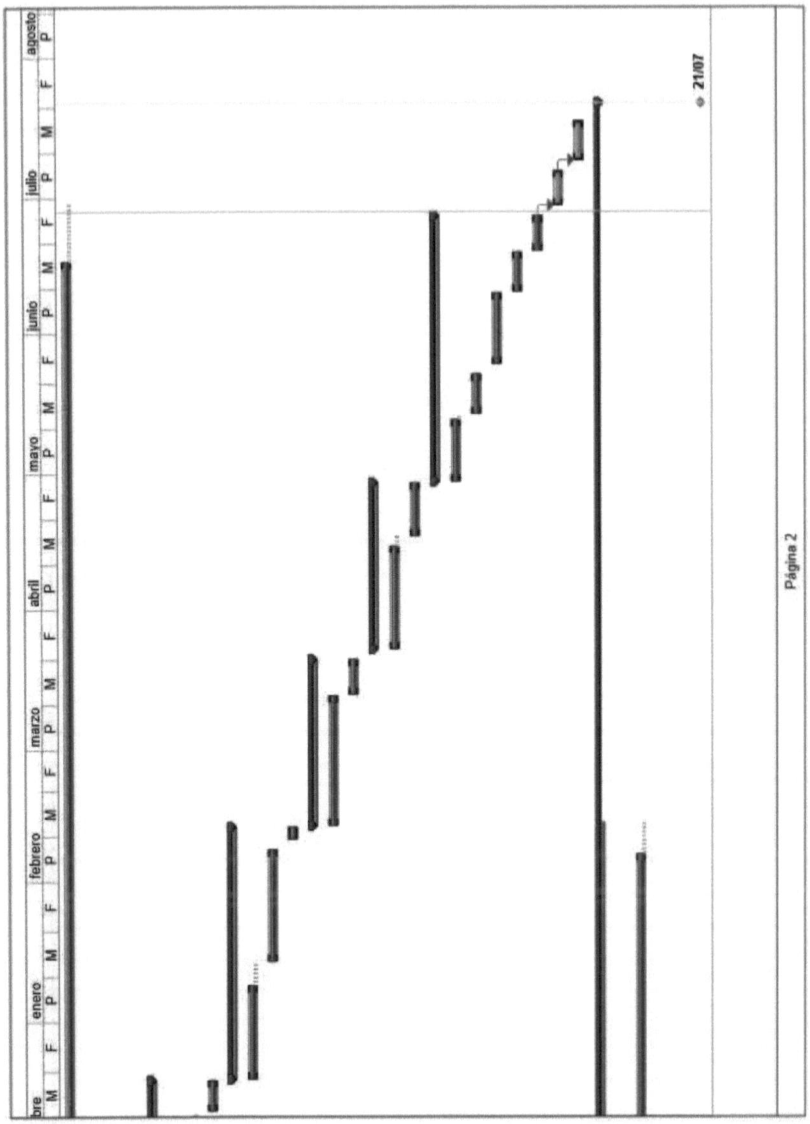

Figura 46. Diagrama de Gantt página 2 Trabajo Fin de Máster

El presupuesto a continuación calculado proporciona las estimaciones detalladas de mano de obra, material y otros artículos para la realización del proyecto. Los principales recursos utilizados se pueden medir en términos de horas invertidas por el estudiante y los tutores.

El único equipamiento que repercute en gastos es el ordenador portátil, con el coste material debido a la depreciación del equipo informático. En concreto al ordenador empleado se le atribuye una vida útil de 4 años. Ha sido utilizado durante 26 semanas en dedicación casi exclusiva para este trabajo. Su precio inicial se encontraba en 700 euros. Utilizando la expresión para la amortización obtenemos

$$\frac{(700-0)€}{4\ años} * \frac{26\ semanas}{52\ \frac{semanas}{año}} = 87,5\ €/año$$

	Coste unitario	Cantidad	TOTAL
MEDIOS DISPONIBLES			
Laboratorios	0 €	-	0 €
Licencia Microsoft Office	0 €	-	0 €
Sistemas informáticos (Skype)	0 €	-	0 €
TOTAL			0 €
PERSONAL INVESTIGADOR			
Tutores	40 €/h	70 h	2.800 €
Alumno	15 €/h	550 h	8.250 €
TOTAL			11.050 €
GASTOS			
Equipamiento Informático	87,50 €/año	1 año	87,50 €
Fondos Bibliográficos	-	-	0 €
Costes Indirectos (10% personal)	-	-	1.105 €
Gastos de Publicación	0,40 €/pág.	215 pág.	86,00 €
TOTAL COSTES			**12.328,10 €**

Tabla 58. ***Tabla de presupuesto del trabajo fin de máster***

BIBLIOGRAFÍA

Agency, E. E. (2016). *EMEP/EEA air pollutant emission inventory guidebook 2016.* Retrieved from https://www.eea.europa.eu/publications/emep-eea-guidebook-2016

Agency, U.-C. o.-r. (2016). *Libro Guía EMEP/EEA (2016). "Air Pollutant Emission Inventory Guidebook".*

Alliance, U. S. (2018). *From SLCP Challenge to Action. A roadmap for reducing short-lived climate pollutants to meet the goals of the Paris Agreement.*

climático, I. d. (2014). *Cambio Climático 2014.* Retrieved from https://www.ipcc.ch/

Competencia, C. N. (2018). *Acuerdo sobre los resultados del sistema de garantía de origen y etiquetado de la electricidad relativos a la energía producida en el año 2018.*

Deloitte, M. (2019). *Ciudades energéticamente sostenibles: la transición energética urbana a 2030 .*

Energética, C. d. (2017). *Análisis y propuestas para la descarbonización.*

Energía, A. I. (2017). *Energy Technology Perspectives 2017. Catalysing Energy Technology Transformations.*

Energy, E. f. (2017). *Escenarios para el sector energético en España: 2030-2050.*

eurostat. (2018). Retrieved from http://ec.europa.eu/eurostat/

IDAE. (2011). *Proyecto Sech-Spahousec Análisis del consumo energético del sector residencial en España.* Retrieved from https://www.idae.es/uploads/documentos/documentos_Informe_SPAHOUSEC_ACC_f68291a3.pdf

Madrid, A. d. (2011). *Censo de edificios y viviendas.*

Madrid, A. d. (2018 a, b, c). *Inventario de emisiones contaminantes y de GEI a la atmósfera en el municipio de Madrid y Balance energético municipal.*

Madrid, A. d. (2018). *Balance Energético del municipio de Madrid, año 2016.* Madrid: AM. Retrieved from https://www.madrid.es/UnidadesDescentralizadas/Sostenibilidad/EspeInf/Energi ayCC/03Energia/3aBalance/Ficheros/BalanceEnergMadrid2016.pdf

Madrid, A. d. (2018a). *Inventario de Emisiones contaminantes a la atmósfera en el municipio de Madrid 2016.* Madrid: AM. Retrieved from https://www.madrid.es/portales/munimadrid/es/Inicio/El-Ayuntamiento/Medio-ambiente/Cambio-Climatico/?vgnextfmt=default&vgnextoid=0ca36936042fc310VgnVCM1000000b 205a0aRCRD&vgnextchannel=4b3a171c30036010VgnVCM100000dc0ca8c0R CRD&idCapitulo=6877178

Madrid, A. d. (2018b). *Inventario de emisiones de Efecto Invernadero del municipio de Madrid 2016.* Madrid: AM. Retrieved from https://www.madrid.es/portales/munimadrid/es/Inicio/El-Ayuntamiento/Medio-ambiente/Cambio-Climatico/?vgnextfmt=default&vgnextoid=0ca36936042fc310VgnVCM1000000b 205a0aRCRD&vgnextchannel=4b3a171c30036010VgnVCM100000dc0ca8c0R CRD&idCapitulo=6877178

Madrid, A. d. (2019). *Inventario de emisiones de contaminantes a la atmósfera del municipio de Madrid 1999-2017.* Madrid.

Ministerio de Industria, E. y. (2014). *Estado de la Certificación Energética de los edificios datos CCAA.*

Press, C. U. (2014). *Mitigation of Climate Change 2014. Workin Group III Contribution to the Fifth Assessment Report of the Intergovernmental Panle on Climate Change.*

                                                                 ÓSCAR PÉREZ HUERTAS

SITIOS WEB

https://www.miteco.gob.es/es/

https://www.idae.es/

https://www.iea.org/

http://sieeweb.idae.es/consumofinal/bal.asp?txt=Residencial&tipbal=s&rep=1

https://forociudadesmadrid.com/2017/09/28/descarbonizacion-y-calidad-del-aire-los-dos-grandes-retos-de-la-movilidad/

https://www.iberdrola.com/conocenos/energetica-del-futuro/descarbonizacion-economia-principios-acciones-regulacion

https://eit.europa.eu/our-communities/eit-innovation-communities

https://www.madrid.es/portales/munimadrid/es/Inicio/El-Ayuntamiento/Medio-ambiente/Residuos-y-limpieza-urbana/Parque-Tecnologico-de-Valdemingomez?vgnextchannel=d6cd1a2a419be210VgnVCM1000000b205a0aRCRD&vgnextoid=d6cd1a2a419be210VgnVCM1000000b205a0aRCRD#

https://www.eea.europa.eu/publications/emep-eea-guidebook-2019

https://www.ipcc.ch/reports/

https://www.madrid.es/portales/munimadrid/es/Inicio/El-Ayuntamiento/Estadistica/Areas-de-informacion-estadistica/Areas-de-informacion-estadistica?vgnextfmt=default&vgnextoid=9023c9fa0b23a210VgnVCM2000000c205a0aRCRD&vgnextchannel=b65ef78526674210VgnVCM1000000b205a0aRCRD

https://www.ree.es/es/datos/publicaciones/series-estadisticas-nacionales

https://ec.europa.eu/energy/intelligent/projects/en/projects/zebra2020

http://www.energiaysociedad.es/manenergia/3-1-el-cambio-climatico-y-los-acuerdos-internacionales/

https://www.iberdrola.com/medio-ambiente/acuerdos-internacionales-sobre-el-cambio-climatico

https://ec.europa.eu/energy/topics/energy-efficiency/targets-directive-and-rules/national-energy-efficiency-action-plans_en?redir=1

https://gdo.cnmc.es/CNE/resumenGdo.do?informe=garantias_etiquetado_electricidad

https://www.upm.es/?id=b51dc649da3bf610VgnVCM10000009c7648a____&prefmt=articulo&fmt=detail

http://www.carburos.com/industries/Energy/Power/Power-Generation/hydrogen-fueling-stations.aspx

http://www.caib.es/sites/atmosfera/es/factores_de_emision_-58153/

https://www.ine.es/jaxi/Tabla.htm?path=/t25/p500/2008/p01/l0/&file=01008.px&L=0

https://www.caloryfrio.com/calefaccion/calderas/calderas-de-gas.html

https://enerpop.com/comparativa-sistemas-calefaccion/

https://remicacalefaccion.es/sistemas-calefaccion/tipos-de-calefaccion-en-espana/

https://ovacen.com/calderas-de-gas/

https://es.wikipedia.org/wiki/Caldera_de_condensación

https://www.ocu.org/electrodomesticos#

https://www.elconfidencial.com/espana/madrid/2019-01-21/contaminacion-madrid-calderas-carbon_1752606/

https://www.caloryfrio.com/

https://es.wikipedia.org/wiki/Bomba_de_calor

https://www.tecnologia-industrial.es/tecnologiaindustrial/bomba-de-calor/

https://www.caloryfrio.com/aire-acondicionado/bomba-de-calor-reversible.html

https://www.consumoteca.com/electrodomesticos/sistemas-de-calefaccion/calefaccion-electrica/

https://www.milar.es/blog/diferencia-convector-calefactor-guia-definitiva-sistemas-calefaccion/

https://www.hogarsense.es/energia-solar/calefaccion-solar

https://instalacionesyeficienciaenergetica.com/calefaccion-por-geotermia/

https://energiasolarhoy.com/calefaccion-geotermica/

https://es.wikipedia.org/wiki/Climatización_geotérmica

 ÓSCAR PÉREZ HUERTAS

http://www.plantasdecogeneracion.com/index.php/cogeneracion-en-espana

https://www.soliclima.es/cogeneracion

https://efinetika.com/micro-cogeneracion-vs-solar-termica/

https://www.certificadosenergeticos.com/instalacion-centralizada-calefaccion-acs-comunidades-vecinos

https://remicaserviciosenergeticos.es/blog/beneficios-caldera-calefaccion-central/

https://www.seingenia.es/calefaccion-central-vs-calefaccion-individual/

https://www.certificadosenergeticos.com/consumo-diario-acs-certificado-energetico

https://suelosolar.com/guia/acs-solar

https://www.tuandco.com/aprendeymejora/como-funciona-un-acumulador-de-agua-caliente/

https://www.certificadosenergeticos.com/micro-cogeneracion-viviendas-generar-agua-caliente-electricidad

https://www.accesiblereformas.com/sistemas-climatizacion-elegir-aire-acondicionado/

https://www.siberzone.es/blog-sistemas-ventilacion/sistema-de-aire-acondicionado-funcionamiento/

https://comercialfoisa.com/8-tipos-de-aires-acondicionados/

https://es.wikipedia.org/wiki/Cocina_eléctrica

https://es.wikipedia.org/wiki/Cocina_de_inducción

https://es.wikipedia.org/wiki/Cocina_vitrocerámica

https://www.coinc.es/blog/noticia/cocina-gas-vitroceramica-induccion-consumo

https://hosteleria10.com/recursos/catalogos/catalogo-cocinas-fogones-hosteleria10.pdf

https://es.wikipedia.org/wiki/Rendimiento_luminoso

http://www.iluminacionalve.com/la-eficiencia-del-led/

https://www.endesa.com/es/conoce-la-energia/blog/tipos-bombillas

https://www.ecoluzled.com/content/8-que-consumo-tiene-una-bombilla-led

https://www.profetolocka.com.ar/2015/08/26/como-comparar-el-rendimiento-de-las-lamparas/

https://energeticafutura.com/blog/que-hay-dentro-de-una-bombilla-de-bajo-consumo/

https://es.wikipedia.org/wiki/Lámpara_incandescente#Funcionamiento_y_partes_de_la_bombilla_incandescente

https://www.ecured.cu/Lámpara_halógena#Funcionamiento

https://grlum.dpe.upc.edu/manual/sistemasIluminacion-fuentesDeLuz-LamparasDeDescarga.php

https://www.lacasadelalampara.com/tipos-de-bombillas/#parrafo3

Anexo I

En el capítulo 2, donde se muestra la situación actual del sector RCI en Madrid, se realizan una serie de cálculos para desagregar los consumos y emisiones de cada subgrupo. Aquí se muestran las tablas de operaciones que se explicaban en la metodología correspondiente del capítulo. Los valores que finalmente se expusieron fueron los porcentuales finales de cada tabla y los porcentajes totales finales una vez terminado el proceso de ajuste. El orden de exposición es el mismo que en el trabajo, comenzando por el subgrupo 02.01. Comercial e Institucional, con sus correspondientes consumos y emisiones, y acabando con el subgrupo 02.02. Residencial de la misma forma.

Tabla 59. **Cálculos y repartos de consumos por servicios del subgrupo comercial e institucional**

02.01. Comercial e Institucional Conjunto				COMBUSTIBLES										ELECTRICIDAD	
Energía Comb GJ	Servicios	% Total	GJ Totales	% GN	GJ GN	% GLP	GJ GLP	% Gasóleo	GJ Gasóleo	% Carbón	GJ Carbón	% Renov	GJ Renov	% Electr	GJ Electr
10.336.835,00	CALEFACCIÓN	35,53%	7.773.749,99	70,10 %	5.449.175,22	2,41%	187.038,90	21,47%	1.668.978,81	2,48%	192.625,16	0,00%	0,00	3,55%	275.931,90
Energía Electr GJ	ACS	4,53%	992.102,15	42,08 %	417.525,69	6,80%	67.454,62	5,72%	56.796,49	0,24%	2.404,63	0,00%	0,00	45,15%	447.920,73
11.540.518,61	COCINA	14,35%	3.138.627,86	69,64 %	2.185.654,54	2,43%	76.356,63	0,00%	0,00	1,05%	32.824,33	0,00%	0,00	26,88%	843.792,36
Energía Total GJ	REFRIGERACIÓN	20,84%	4.559.595,02	0,00%	0,00	0,00%	0,00	0,00%	0,00	0,00%	0,00	0,00%	0,00	100,00%	4.559.595,02
	ILUMINACIÓN	18,23%	3.988.730,08	0,00%	0,00	0,00%	0,00	0,00%	0,00	0,00%	0,00	0,00%	0,00	100,00%	3.988.730,08
21.877.353,61	ELECTRODOMÉSTICO	6,51%	1.424.548,51	0,00%	0,00	0,00%	0,00	0,00%	0,00	0,00%	0,00	0,00%	0,00	100,00%	1.424.548,51
		100,00%	21.877.353,61	36,81%	8.052.355,44	1,51%	330.850,15	7,89%	1.725.775,29	1,04%	227.854,12	0,00%	0,00	52,75%	11.540.518,61
Total TEORICO GJ		GJ calculados		10.336.835,00										11.540.518,61	
21.877.353,61		GJ teóricos		10.336.835,00										11.540.518,61	
				36,81%	8.052.355,44	1,51%	330.850,15	7,89%	1.725.775,29	1,04%	227.854,12	0,00%	0,00	52,75%	45.262.800

Tabla 60.   *Cálculos y repartos de las emisiones de GEI (directas e indirectas) por servicios del subgrupo comercial e institucional*

02.01. Comercial e Institucional Emisiones Directas GEI kt CO2 eq						02.01. Comercial e Institucional Indirectas GEI kt CO2 eq	
GWP 20	84	1	264	2100	GEI	FE, ktCO2/GWh	0,3227
Servicios	CH4 (t)	CO2 (kt)	N2O (t)	Black Carbon (t)	GEI 20 años	INDIRECTAS kt CO₂	
CALEFACCIÓN	46,8	460,6	1,85	1,18	467,50	24,73	
ACS	3,0	32,1	0,09	0,05	32,51	40,15	
COCINA	11,6	130,7	0,28	0,09	131,99	75,64	
REFRIGERACIÓN	0,0	0,0	0,00	0,00	0,00	408,72	
ILUMINACIÓN	0,0	0,0	0,00	0,00	0,00	357,55	
ELECTRODOMÉSTICO	0,0	0,0	0,00	0,00	0,00	127,69	
kt calculadas	61,45	623,47	2,22	1,32	631,99	1.034,48	
kt teoricas	61,45	623,47	2,22	1,32	631,99		

Tabla 61.   *Cálculos y repartos de consumos por servicios del subgrupo residencial*

02.02. Residencial Conjunto				COMBUSTIBLES										ELECTRICIDAD	
Energia Comb GJ	Servicios	% Totales	GJ Totales	% GN	GJ GN	% GLP	GJ GLP	% Gasóleo	GJ Gasóleo	% Carbón	GJ Carbón	% Renov	GJ Renov	% Electr	GJ Electr
24.529.027,31	CALEFACCIÓN	31,44%	16.320.632,81	56,37%	9.200.372,92	2,60%	424.051,40	23,09%	3.768.053,06	2,30%	375.064,40	1,55%	252.722,84	14,09%	2.300.368,20
Energía Electr GJ	ACS	19,00%	9.864.889,24	81,43%	8.033.357,20	3,10%	305.947,55	2,76%	272.559,23	0,30%	29.131,22	0,19%	18.939,27	12,21%	1.204.954,77
27.385.335,67	COCINA	9,68%	5.025.369,87	30,94%	1.555.099,24	3,25%	163.433,25	0,00%	0,00	2,54%	127.463,98	0,05%	2.674,46	63,21%	3.176.698,94
EnergiaTotal GJ	REFRIGERACIÓN	1,37%	712.176,03	0,00%	0,00	0,00%	0,00	0,00%	0,00	0,00%	0,00	0,02%	157,30	99,98%	712.018,73
51.914.362,98	ILUMINACIÓN	4,96%	2.574.221,55	0,00%	0,00	0,00%	0,00	0,00%	0,00	0,00%	0,00	0,00%	0,00	100,00%	2.574.221,55
	ELECTRODOMÉSTICO	33,55%	17.417.073,48	0,00%	0,00	0,00%	0,00	0,00%	0,00	0,00%	0,00	0,00%	0,00	100,00%	17.417.073,48
		100,00%	51.914.362,99	36,19%	18.788.829,36	1,72%	893.432,20	7,78%	4.040.612,29	1,02%	531.659,60	0,53%	274.493,87	52,75%	27.385.335,67
Total TEORICO GJ			GJ calculados						24.529.027,32						27.385.335,67
51.914.362,98			GJ teoricos						24.529.027,31						27.385.335,67
				36,19%	18.788.829,36	1,72%	893.432,20	7,78%	4.040.612,29	1,02%	531.659,60	0,53%	274.493,87	52,75%	45.262.800

02.02. Residencial Emisiones Directas GEI kt CO2 eq

GWP 20	84	1	264	2100	GEI
Servicios	CH4 (t)	CO2 (kt)	N2O (t)	Black Carbon (t)	GEI 20 años
CALEFACCIÓN	165,4	860,0	4,80	0,72	876,61
ACS	50,4	493,1	1,12	0,46	498,59
COCINA	10,7	110,4	0,37	0,10	111,62
REFRIGERACIÓN	0,0472	0,0	0,00063	0,000016	0,004163178
ILUMINACIÓN	0,0	0,0	0,00	0,00	0,00
ELECTRODOMÉSTICO	0,0	0,0	0,00	0,00	0,00
kt calculadas	226,48	1.463,45	6,29	1,28	1.486,82
kt teoricas	226,48	1463,45	6,29	1,28	1.486,82

02.02. Residencial Emisiones Indirectas GEI kt CO2 eq

FE, ktCO₂/GWh	0,3227
INDIRECTAS kt CO₂	
206,20	
108,01	
284,76	
63,82	
230,75	
1561,25	
2.454,79	

Anexo II

Del mismo modo que los subgrupos en el trabajo se han divido por servicios más orientados al ámbito residencial, en el comercial e institucional se pueden tomar diferentes repartos. Una forma de segmentar este subgrupo es mediante la tipología de sus edificios, pues alberga gran variedad de infraestructuras cuyas necesidades varían en función de la actividad que desarrollan. Esta otra segmentación propone distinguir entre edificios de: oficinas, hospitales, comercios, restaurantes, educación y otros servicios. Dada la imposibilidad de repartir el subgrupo residencial entre estas tipologías, se consideró oportuno mantener la desagregación por servicios utilizada durante el trabajo. No obstante, los cálculos son equivalente y permiten un estudio paralelo enfocado solamente al subgrupo comercial e institucional.

Tabla 63. **Cálculos y repartos de consumos por tipología de edificio del subgrupo comercial e institucional**

Energía Comb GJ	02.01. Comercial e Institucional Variación			COMBUSTIBLES										ELECTRICIDAD	
	Servicios	% Totales	GJ Totales	% GN	GJ GN	% GLP	GJ GLP	% Gasóleo	GJ Gasóleo	% Carbón	GJ Carbón	% Renovables	GJ Renovables	% Electricidad	GJ Electricidad
10.336.835,00	OFICINAS	30,82%	6.742.462,80	29,81%	2.009.718,04	1,44%	97.254,33	7,52%	507.296,48	0,00%	0,00	0,75%	50.507,10	60,48%	4.077.686,84
Energía Electr GJ	HOSPITALES	9,06%	1.981.178,32	48,89%	968.618,40	1,81%	35.785,16	9,42%	186.661,97	0,00%	0,00	0,82%	16.312,62	39,06%	773.800,18
11.540.518,61	COMERCIOS	34,59%	7.568.298,68	45,55%	3.447.608,05	1,64%	123.909,07	8,54%	646.332,53	0,00%	0,00	0,10%	7.780,01	44,17%	3.342.669,02
EnergíaTotal GJ	RESTAURANTES	6,79%	1.485.851,30	26,72%	397.003,64	0,73%	10.854,13	3,81%	56.617,14	0,00%	0,00	4,23%	62.898,36	64,51%	958.478,02
21.877.353,61	EDUCACIÓN	5,17%	1.130.563,37	36,16%	408.756,80	3,76%	42.464,14	19,59%	221.500,79	0,00%	0,00	1,78%	20.155,14	38,71%	437.686,50
	OTROS SERVICIOS	13,57%	2.968.999,14	27,64%	820.650,51	0,69%	20.583,32	3,62%	107.366,38	0,00%	0,00	2,36%	70.200,88	65,69%	1.950.198,06
		100,00%	21.877.353,61	36,81%	8.052.355,44	1,51%	330.850,15	7,89%	1.725.775,29	0,00%	0,00	1,04%	227.854,12	52,75%	11.540.518,61
Total TEORICO GJ			GJ calculados					10.336.835,00						11.540.518,61	
21.877.353,61			GJ teoricos					10.336.835,00						11.540.518,61	
				36,81%	8.052.355,44	1,51%	330.850,15	7,89%	1.725.775,29	0,00%	0,00	1,04%	227.854,12	52,75%	45.262.800

Tabla 64. **Cálculos y repartos de emisiones de GEI (directas e indirectas) por tipología de edificio en subgrupo comercial e institucional**

02.01. Comercial e Institucional Emisiones Directas GEI kt CO2 eq						02.01. Comercial e Institucional Indirectas GEI kt CO2 eq	
GWP 20	84	1	264	2100	GEI	FE, ktCO$_2$/GWh	0,3227
Servicios	CH4 (t)	CO2 (kt)	N2O (t)	Black Carbon (t)	*GEI 20 años*	*INDIRECTAS kt CO$_2$*	
OFICINAS	30,8	156,5	0,72	0,37	160,02	365,52	
HOSPITALES	11,8	70,4	0,28	0,15	71,80	69,36	
COMERCIOS	26,7	249,1	0,78	0,51	252,62	299,63	
RESTAURANTES	21,5	27,2	0,33	0,05	29,16	85,92	
EDUCACIÓN	10,5	42,0	0,26	0,14	43,28	39,23	
OTROS SERVICIOS	26,3	55,3	0,43	0,10	57,83	174,81	
kt calculadas	127,53	600,46	2,79	1,33	614,70	1.034,48	
kt teoricas	61,45	623,47	2,22	1,32	631,99		

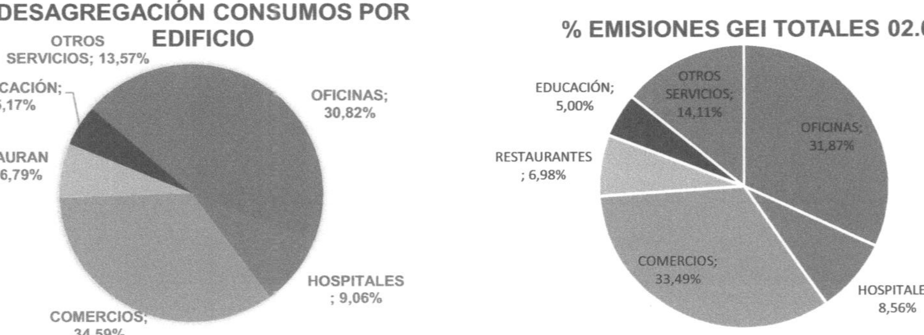

Figura 47. Reparto de consumos y emisiones por tipología de edificios en subgrupo comercial e institucional

More
Books!

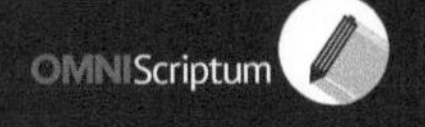

OMNIScriptum

Printed by Books on Demand GmbH, Norderstedt / Germany